蛋鸡、肉鸡的养殖技术及其常见病的诊断与防治

罗　薇　马　力
吴万友　卢建远　编著

中国社会出版社

前　言

近十年来，随着我国养鸡业的迅猛发展，禽肉、蛋类的产量成倍地增长，人们的生活水平不断提高，食物结构也在不断改善。但是，与世界许多发达国家相比，我国的饲养管理、疫病防治水平还存在着一定的差距。缩小差距，就意味着要提高饲养管理水平和疾病防控水平。

我们针对养鸡生产中常见的一些饲养管理和疫病防控问题，在中国社会出版社的组织下，编写了《蛋鸡、肉鸡的养殖技术及其常见病的诊断与防治》一书，内容涉及蛋鸡、肉鸡的饲养管理和常见疾病的防治，力求实用可行，对养殖业主及从事饲养管理和兽医工作者有所帮助。

本书的编著者长期从事家禽养殖和畜禽传染病的教学、科研和家禽生产管理及其疫病防治的指导工作，期望本书能对养殖者和畜牧兽医工作者有所裨益。本书在编写中可能存在一些错误、缺点，恳请读者批评指正。

目 录

第一章　蛋鸡生产

第一节　育雏期的饲养管理

一、育雏条件

（一）适宜的温度

1. 适温的重要性

雏鸡孵出后，体内还带有一定量的卵黄，卵黄含丰富的营养，若温度低，则不能很好吸收。由于雏鸡生长发育迅速，消化能力差，体温调节弱，体温低，羽毛未丰满，全身分布绒羽，绒羽无羽小枝，保温能力差。所以，适宜的温度可以减少体热的散失，防止雏鸡因冷、挤压而死。

雏鸡的容许温度　　（℃）

日龄	初生	15	30	45	60	90	120	成鸡
温度上限	38	35	31	29	29	29	29	29
温度下限	27	19	13	8	6	3	2	2
适宜温度	34	27	22～33	14～23	13～23	13～23	13～23	13～23

随日龄增大，鸡对环境温度的适应性范围增大。

育雏的给温要求　　（℃）

周龄	1	2	3	4	5	6
育雏伞下的温度	32.2～35	29.2	26.4	23.6	20.8	室温
室温	24	24	24	24	24	18

育雏期的饲养管理的大致规律是一周后每周温度递减2.8℃，但在实践中灵活掌握。

2. 适温的判断

雏鸡完全均匀地分布在热源周围，说明温度适宜；雏鸡远离热源，张嘴喘息，高声鸣叫，说明温度过高；雏鸡挤在热源周围，说明温度低。

（二）湿度

这是雏鸡出壳后第1周或10天内必须考虑的问题。因为，此时室温高，会造成室内湿度低，导致卵黄吸收不良、食滞、脚干枯，湿度应保持在60%～65%。若不够、可洒水增加湿度。若室内湿度偏高，则影响生长发育，也易患球虫病。故应勤换垫料，加强通风，以保持相对湿度。

随日龄增加，雏鸡可以自己饮水，调节湿度。鸡舍湿度可适当降低。

（三）通风换气

通风换气的目的是排出二氧化碳、氨气和硫化氢等有害气体，提供新鲜空气，以保证雏鸡健康生长的需要。要做到舍内空气新鲜，就必须注意通风换气。实践中多以人在正常时的感觉为标准，如果人能闻到臭鸡蛋味（硫化氢）时或感觉鼻和眼有不适，刺眼或眼睛流泪（氨气）时，则说明舍内的有害气体的浓度已超标，应立即打开风机。要解决好通风换气，必须做到保持合理的饲养密度。室内的湿度适中，室内的垫纸或垫草要保持清洁，若是封闭或半封闭饲养，舍内必须安装通风设备。

值得强调的是，在寒冷季节保温和通风是一对矛盾，正确处理好这一矛盾，对做好冬季育雏工作尤为重要。

开放式鸡舍主要靠开闭窗户利用自然通风解决。

密闭式鸡舍，每小时换气3～5次/时。冬季的换气量为0.03～0.06m^3/分/kg，夏季0.12m^3/分/kg。随日龄增加，每分的通风量要增加。

（四）饲养密度

育雏鸡的饲养密度 （只/m^2）

周　龄	笼　养	平面饲养
1～2	60～75	25～30
3～4	40～50	25～30
5～6	27～38	12～20

引自杨山，李辉主编《现代养鸡》，北京：中国农业出版社，2002。

食槽长度：5.1cm/只～6.4cm/只。

水槽长度：1.5cm/只～1.9cm/只，安装时与鸡背等高或高2.5cm。

（五）光照时间与光照强度

科学正确的实行光照，能促进雏鸡的骨骼发育，适时达到性成熟。初生雏鸡光照主要是影响其对食物的摄取和休息。初生雏的视力弱，光照时间和强度要大一些，以保证其足够的采食时间。通常0～2日龄每天要保持20～30勒克斯的光照强度，24小时的光照时数。140日龄时，给8小时/天，不需要太强的光线，不影响采食即可。

（六）营养

雏鸡的日粮配合要求日粮新鲜，营养全面，混合均匀。按不同阶段给不同能量和蛋白质的饲料。在1月龄内，日粮中的粗蛋白含量为20%左右（肉用雏鸡还要高些），代谢能为2800大卡/kg，粗脂肪1%，粗纤维低于5%。同时，矿物质、必须氨基酸、微量元素和维生素等也应满足需要。

二、热源及育雏方式

（一）热源

1. 电热

主要是做成育雏伞，内装电阻，利用红外线辐射，省电、散热均匀，可安装自动控制温度装置，室温要求22℃～23℃，可以节省热耗。

2. 热水

水暖、气暖均可，整个育雏室外都处于一种稳定温度。浪费能源，不利人员操作。

3. 火炉

中小型育雏可用。

4. 火炕

传统方式，适用于农村。

（二）育雏方式

1. 平面垫料育雏

密度小，雏鸡接触粪便，不利控制疾病，但育成率较高。

2. 平面网上

网距地60cm，雏鸡在网上活动，网孔1.5×1.5cm也有2×5cm的。长孔不如方孔好，不接触粪便，易控制疾病。

3. 立体育雏

2～3层笼养，密度更大，笼育饲养管理细致，设备投入大，育成雏不如网上的个体强壮。

三、育雏前的准备工作

（一）鸡舍的清扫检修及消毒

上批雏鸡转走后，马上清除鸡粪垫料等物。全面进行清扫和冲洗。之后，要把鸡舍、给水系统、槽、笼具全面、认真地进行检修。检修之后，再次彻底清扫舍内及舍外四周。确保无粪便、无杂物，然后再进行冲洗。最好用高压水枪从上到下进行冲洗，冲洗干净后才能进行消毒。程序如下：天棚、墙壁、地面、笼具，不怕火烧部分再用火焰喷烧消毒。然后，其他部分和棚、墙壁、地面用无强腐蚀性的消毒药物喷洒消毒，包括饲料间，最后用福尔马林42ml＋21g高锰酸钾/m^3密闭熏蒸消毒24小时以上。最好是在进雏2周前完成鸡舍的清扫、检修及消毒工作。让鸡舍真正空舍2周以上为好，进鸡前两天再消毒1次。

（二）物资准备

做好禽舍周转、饲养人员安排计划。要准备一定数量的燃料、抗菌素、常用药品、消毒药和疫苗等，并按要求的贮放条件和方法贮存。

（三）雏鸡舍预热试温

无论采用何种供热方式，在进雏前2～3天都要进行试温加热，检查供热系统是否完好，以确保完全供热。根据天气情况，进雏前对鸡舍进行给热预温，使地面、墙壁等外围温度升高，保证进雏时舍温和育雏器及育雏位置达到所饲养雏鸡要求的标准。

四、雏鸡的饲养管理

（一）接雏后

把雏鸡放在适温地带，如育雏伞下，休息2小时。首先饮水，因为此时最易脱水，然后开食，开食时间为孵出24～48小时开食。开食太早不利于卵黄的吸收。开食时，可把饲料先用水拌一下，洒在纸上或席上，第二天放饲料于料盘中，一周可在食槽中采食。此时，注意温湿度及照明。第一次饮水时，可用10％的糖水或葡萄糖水。

（二）1周以后

温度每周降低2.8℃，逐步采用夜间给温，白天断温，6周后脱温。

（三）6周后

转为中雏能量、粗蛋白可适当降低，应增加运动，为产蛋打下坚定的体格基础。

（四）光照时间

原则是育雏期不能增加光照时间，只能减少或恒定，避免性早熟。

（五）断喙、断趾、剪冠、剪肉髯

2周后，雏鸡开始啄羽、啄肛，造成死亡。造成死亡原因一方面是营养不良，光照强，密度过大，通风不良；另一方面是由于遗传的原因。

断喙采用电烙铁或断喙器，上喙喙尖至鼻孔处断1/2，下喙断1/3，主要是切断生长点。断趾、剪冠、剪肉髯的技术主要是用于种鸡的饲养。断趾、剪冠、剪肉髯后，在配种时可避免种母鸡受到损伤。

（六）防疫

注射疫苗，按使用说明进行。

（七）抽测体重

全群按5%抽测体重。若体重低于标准体重，就增加营养或饲料的投放量。超过标准，就降低营养或饲料投放量。

（八）转群

转群前三天饲喂水溶性维生素，连续三天。

第二节　育成期的饲养管理

一、种用和蛋用鸡育成期的饲养管理

育成期鸡生长发育相当旺盛，对今后体重、性成熟、产蛋率、蛋重、产肉量等都有直接影响。育成期的长短取决于季节、品种、品系、用途和饲养管理方式。

（一）种用和蛋用仔鸡的饲养管理

按饲养管理方式可分为舍饲和放牧两种类型。蛋用种鸡和

商品蛋用母鸡的营养标准基本相同。

1. 舍饲

（1）饲料和饲养

日粮中蛋白质含量可较幼雏低，约在 13%～15%左右。由雏鸡料更换到育成料要有 1 周左右的过渡期，方法是逐步减少雏鸡料增加育成料。注意矿物质和青绿饲料的补充。每天饲喂 4 次。在此阶段，应实行限制饲喂，其优点是：可节约饲料消耗，延缓生长发育速度，降低体重，适当推迟性成熟期；防止母鸡脂肪沉积过多，减少脂肝综合征，提高蛋重和种蛋的合格率，降低产蛋期间母鸡的难产率和死亡率。限制饲喂的方法可采用限量、限时、限质等不同的方法。

限量法：日喂饲料按自由采食时日采食量的 90%喂给。

限时法：按照自由采食时的日采食量投料，但在连续饲喂 3 天后第四天停 1 天，即 4 天。连续 3 天，停料 1 天。如此循环。也可在 7 天中连续喂料 6 天，停料 1 天。

限质法：配制日粮时，适当限制某些营养成分的添加量，如高纤维（7%～8%）、低能量（9205kJ/kg）、低蛋白（10%～11%）。

一般自 6～8 周龄开始，至 22 周龄时转为种鸡料或产蛋鸡料。在限制饲喂时，要有充足的水槽、料槽，以保证有足够的槽位能让群鸡同时采食。

（2）密度与分群如下：

①蛋鸡

地面饲养：6～12 周龄 10～11 只/m^2；13～20 周龄 6～8 只/m^2。

笼养：6～12 周龄 24 只/m^2；13～20 周龄 14～16 只/m^2。

网上平养：6～20 周龄 14 只/m^2 左右。

后备公鸡可按母鸡数的 20%选留。

②肉鸡

出场时每平方米饲养的鸡只数（体重 2kg/只）：地面平养 11～12 只/m^2；网上平养 12～14 只/m^2。

（3）防疫卫生

根据各地疾病流行情况，制定并严格执行相关的免疫程序，并进行 1～2 次驱虫，必须经常抽测体重并依此及时调整日粮和饲喂方式。凡遇鸡群发生疾病时，应停止限制饲喂而改为自由采食。不应在停止饲喂日补充砂砾。对断喙不正的鸡只应重新修整，病死鸡都应进行剖检。

2. 放牧

有条件时，可以对种用育成鸡实行放牧饲养，既锻炼了体质，又节省了饲料。放牧的年龄应在 2 月龄后以及外界气温不低于 10℃时开始进行。应训练上栖架，预防兽害，注意气候变化。

第三节　商品蛋鸡产蛋期的饲养管理

育成期结束后，转入产蛋鸡舍的饲养管理阶段称为产蛋期。一般是从 21 周龄开始至 72 周龄。这个阶段，鸡在某些方面的生理特点明显，有别于育成鸡。从育成阶段转入产蛋阶段，鸡的外貌以及生理机能都发生一系列变化。因此，要适时转群，调整饲料营养和饲养管理措施，使之与鸡的生理机能相适应，以期达到较高的产蛋性能和较低的死淘率，获得高的效益。现代蛋用品种的产蛋性能在正常的饲养管理情况下都很高，各品种之间的差异不大。开产时间、产蛋数量、总蛋量也很相近。在体型、体重和平均产蛋量等方面，褐壳和白壳品种间有一定的差异，粉壳品种介于两者之间。白壳蛋鸡体型较小，成年鸡平均体重一般在 1.5kg 左右，平均蛋重在 60g 左右。褐壳品种体型较大，成年鸡体重一般在 1.7kg 左右，平均蛋量 63～64g。粉壳品种介于两者之间。

一、产蛋的变化规律

（一）开产时间

开产时间一般是对群体而言，指鸡群产蛋率达到50%的时间。现代蛋用品种开产时间在150～160日龄之间。开产日龄过早或过晚，是饲养管理有问题所造成的。随着育种的进展，现代蛋用品种鸡的开产日龄逐渐提前。只要鸡群体重、体尺达标，整齐度好，提早开产是提高产量的有效途径之一。

（二）产蛋枚数和蛋重

在21～72周龄鸡的第一个产蛋周期内，蛋用品种可能达到平均产蛋数。不论是褐壳、粉壳还是白壳品种，近年的成绩多在280～312枚之间，总蛋重在17.5～19kg之间。全程平均蛋重：褐壳品种62g/枚左右；粉壳品种61g左右；白壳品种60g左右。

二、转群前的准备工作

（一）产蛋鸡舍的准备

1. 清除舍内积粪，搞好鸡舍四周卫生。

2. 房舍、笼具以及设备设施的维修。

3. 舍内的清扫、冲洗及消毒。

（二）鸡群的准备

1. 转群前的挑选鸡群

在转群前1周抽样称量一次体重，计算出平均体重和均匀度。对下列情况的鸡予以淘汰：体重太轻，高度消瘦，伤病畸形的鸡；冠矮髯小且颜色粉白或蜡黄的发育不良的鸡；冠髯发紫，皱缩变薄的有病鸡；健康状况不良的鸡。

2. 转群前的免疫工作

根据免疫计划，在育成鸡转入产蛋鸡舍之前1～2周，要把新城疫、减蛋综合征等疫病的免疫做完。对地面平养育成的鸡笼前要进行一次驱虫工作。

3. 断喙工作

在调整鸡群或结合免疫注射时，对一些原先断喙偏轻，现在喙端尖锐或不齐的鸡进行一次补断喙工作。

4. 饲料的准备

在转群前，2～3 天按应激期维生素添加水平的饲料饲喂鸡只。应激期每千克饲料中维生素水平应达到的浓度：维生素 A 15000 国际单位，维生素 D 1000 国际单位，维生素E 20mg，维生素 K 8mg，维生素 B_1 2mg，维生素 B_2 6mg，维生素 B_1 210μg，泛酸 20mg，叶酸 1mg，烟酸 40mg，生物素 120μg，维生素 C 60mg，还有产蛋前期的饲料等。

5. 其他

养鸡的相关用具和运输鸡用的笼子、车辆等，都要经过清洗干净并严格消毒后方可使用。对参加转鸡的人员要分好工，讲清正确捕捉鸡只和装笼的方法。正确抓鸡方法是：抓握鸡的双胫部，使鸡的尾部对着笼门，将鸡拉出笼来。装鸡时，使鸡的头颈对着笼门内前下方，将鸡送入笼内。不可握鸡脖，扯翅膀，拉尾巴的强拉硬拽。

（三）鸡的转群

1. 时间

夏季转群，要避开雨天和午间最炎热的时候，选择阴天或早晚天气凉爽时进行。冬季则应避开风、雪天气，在晴朗的日子进行。

2. 饲料和饮水

鸡入舍前，应在料槽里添加 1/3 槽深的一层饲料，水槽中要有水。这样可以使鸡只较快地适应新环境。

3. 组群

按体重或冠髯发育情况组群上笼。将体重或冠髯发育情况相近的鸡装在同一单位里，组成一坡或一行都是同类鸡群。为了使转群后能缩短鸡只发育的差异，发育差一些的鸡安排在条件较好的环境里。

4. 上笼密度

产蛋鸡每只母鸡所需的地面面积　　单位：m^2/只

品种	地面平养	网上平养	笼养
来航型鸡	0.16	0.09	0.0381
中型蛋鸡	0.19	0.12	0.0481

引自杨山、李辉主编《现代养鸡》，北京：中国农业出版社，2002。

每只鸡所需饲槽长度 8cm，水槽长度 5cm。乳头饮水器：笼养 4 只 1 个。产蛋箱：平养 4～5 只 1 个。

三、产蛋鸡的饲养管理

刚转群的鸡正处于生理状态剧烈变化和外界环境完全改变的时期里，充足的营养和良好的饲养环境以及尽可能减少不利因素引起的应激反应是至关重要的。因为产蛋率能否正常上升，产蛋高峰期的长短以及峰值的高低，平均蛋重能否正常地增加等等，都直接取决于这段时期内的饲养管理工作。

（一）产蛋阶段的划分和产蛋率曲线

蛋用品种鸡第一个产蛋周期大约为 1 年，全程可分成产蛋前期、高峰期和产蛋后期三个阶段。根据产蛋期内每周平均产蛋率绘制成的坐标曲线图（纵坐标表示产蛋率，横坐标表示周龄）称为产蛋率曲线。

1. 产蛋前期

指的是鸡只开始产蛋到产蛋率达到 80%之前。通常是从 21 周龄初到 28 周龄末。随着育种工作的进展，不少品种的鸡只开产日龄及产蛋高峰都前移到 19～23 周龄。这个时期产蛋性状的特点是产蛋率增长很快，大致每周以 20%～30%左右的幅度上升。

鸡的体重和蛋重也都在增加。体重平均每周仍可增长30～40g，蛋重每周增加 1.2g 左右。

2. 产蛋高峰期

当鸡群的产蛋率上升到 80%时，即进入了产蛋高峰期。80%产蛋率到峰值最高时的产蛋率仍然上升很快，通常 3～4 周便可升到 92%～95%。90%以上的产蛋率一般可以维持 10～20 周，然后缓慢下降。当产蛋率降到 80%以下，产蛋高峰期便结束了。现代蛋用品种高峰期通常可以维持 6 个月左右。72 周龄时，产蛋率仍保持在 65%左右。

3. 产蛋后期

从周平均产蛋率 80%以下，至鸡群淘汰下笼，这段产蛋期称为产蛋后期，通常是指 60～72 周龄的时候。产蛋后期周平均产蛋率下降幅度要比高峰期下降幅度大一些。

4. 产蛋曲线

每个品种都有其特有的产蛋曲线。品种的标准产蛋曲线和实际产蛋曲线的比较，是检查产蛋期饲养管理工作是否合适的方法之一。当产蛋曲线呈大幅下降状态时，往往是饲料、环境、疫病方面出现大的问题所致。

（二）产蛋前期的饲养管理

1. 日粮配给

18 周龄末转入蛋鸡舍后，其饲料应在 5～7 天内由原来的育成鸡料转换成产蛋前期饲料，其粗蛋白质含量为 16%，并在产蛋开始前 2 周提高饲料中钙的浓度。

当鸡群产蛋率升至 5%时，就换为产蛋高峰期饲料，其粗蛋白含量应达 17.5%，钙的浓度为 3%～3.7%，“多维”的供应也要充分满足。

2. 光照管理

产蛋前期的光照制度，属于育成期向产蛋期转换的过渡性光照制度。转换的快慢要根据鸡群体质情况来掌握。对于体格健壮，体重、体尺达标，均匀度良好的鸡群可以增加光照并可以增加得快一些，每周增加 0.5～1.0 小时。体尺、体重、均匀度差的鸡群，增加的时间晚一些且速度要慢一些。每周增加 15～30 分钟。

3. 其他方面的管理

（1）定期称重

监测体重增长情况产蛋前期鸡的体成熟还未结束，前几周体重周平均增长还可达 40～50g，后期也还有 10～20g 的增重。由于产蛋率上升的速度非常快，如果饲养不当，将来高峰持续时间短，最高峰值低。通过定期监测体重情况，是检测饲养、特别是营养方面是否恰当的手段之一。如果发现体重低于品种标准，或是超过标准 10%以上，就要及时采取措施，以维持鸡只良好的体况。称重可以每 4 周称量 1 次。

（2）经常调整鸡群

将体重较小，冠髯较小且颜色不够红润的鸡挑出来，集中安置在上、中层近光源处饲养。必要时，补充些蛋白类饲料，使这些鸡生长发育快一些，也可以促进其卵泡发育，早些产蛋，这样有利于全群平均产蛋率的上升。

（3）定期测定蛋重

开产后蛋重的增加是有规律的。如果平均蛋重没能达到品种标重，往往是营养不足的结果。要检查是什么原因造成的，尽快加以解决。

（4）防止啄癖现象

产蛋前期是啄癖的易发期。一旦恶癖在鸡群中形成，几乎是没有什么好办法可以制止。所以必须在这个时期重视啄癖现象，尽量降低其发生率。

防止啄癖现象要采取综合性的措施：

①在营养控制方面，营养全面，防止鸡只过瘦或过肥，避

免蛋重过大，使蛋能顺利产出，以免脱肛和产道出血，造成泄殖腔收缩迟缓。

②保持鸡舍的宁静环境，使鸡能安静地产蛋。

③适宜的光照强度。

④不要长时间地空槽和缺水。

⑤保持鸡舍空气清新。

⑥密度适宜。

⑦在鸡舍里插放轻音乐，可以防止啄癖的发生和提高产蛋率。

⑧一旦发现有啄癖现象，必须将啄鸡的鸡找出，单笼隔离饲养或淘汰。把被啄伤的鸡也找出，把伤口涂上紫药水后，单独饲养。

（三）产蛋高峰期的管理

现代蛋用鸡产蛋高峰期很长，一般可达6个月或更长一些时间。在实际生产工作中，不同鸡群产蛋高峰期差别很大。后备鸡培育不好的鸡群可能连高峰期都不会出现，而且死淘率很高。后备鸡培育得好，但产蛋阶段管理不善，产蛋高峰期也不会维持很长，而且很难达到高峰期的最高峰值。所以，既要重视后备鸡的培育，也要重视产蛋期，特别是产蛋高峰期的饲养管理工作。

1. 产蛋高峰期的营养管理

这个阶段绝，大多数鸡连产期很长。即使是按平均值算，也是连产6～9枚蛋才停产1天。其中相当一部分鸡是连产几十枚蛋才停产1天。因此，鸡只的营养消耗特别大。只有保证鸡只每天都能摄入足够的营养物质，高产才有物质基础。

一般每日每只平均饲喂混合料90～150g，通常采用自由采食。产蛋高峰期里，轻型鸡品种在温和季节里每天需要摄入代谢能不低于1255kJ，中型鸡1381kJ；粗蛋白分别为17～18g和19～20g；钙的浓度为3%～4%；多维的供应也要充分满足。

2. 饲料的品质

要求饲料原料的品质良好、饲料的原料和配方应尽量稳定。以免由于营养物质摄入的差别，而引起鸡只的应激反应。

3. 光照管理

产蛋开始前，以每周 15～60 分钟的递增速度延长光照，达到每天 16 小时光照后，保持恒定，直到产蛋停止。光照强度在 10～30 勒克斯。

4. 饲养管理的操作

程序要稳定，喂料、捡蛋、清扫、检查、清粪等作为程序要按照确立的时间表进行，不可忽早忽晚，也不可随意颠倒顺序。饲养人员要稳定，不要经常更换。

5. 防止应激反应

高峰期产蛋率有一定规律，在高峰期里一旦发生产蛋率大幅度下降后，就难以再恢复到原来的峰值了。因此，在日常管理中要特别注意防止鸡只产生严重的应激反应。饲料、疾病、天气的突变、严重的惊吓、免疫等都是造成鸡群产生严重应激反应的因素，一定要避免发生。对于可预料的应激因素应在发生之前就按照应激期维生素需要量标准，给鸡群提前补充维生素。这样可以减轻应激造成的不良影响。

（四）产蛋后期的饲养管理要点

当鸡群产蛋率下降到 80%以下时，就应逐渐转入产蛋后期的饲养管理。产蛋后期的鸡通常都在 50 周龄以后，其生理特点之一就是脂肪沉积能力大大增强。由于产蛋性能逐渐下降，产蛋的营养物质便被转化成脂肪，存积于体内，鸡很容易变肥，变肥后又加速产蛋能力的降低。所以，要及时适当地将饲料的能量和蛋白水平降下来。这个阶段，每千克饲料能量降到 11088kJ，粗蛋白含量不超过 16%，即完全可以满足需求。由于经过长时间的产蛋，钙的消耗很大，而且此时鸡对钙的吸收利用能力有所降低，因此要将日粮中钙的水平提高到3.7%以上，但不要超过4.0%。饲料中的粗纤维含量也可适当提高一些，但不要超过7%。为了防止鸡只过肥，可以采取限制饲养的措施。限饲量相比自由采食时少6%～7%即可，但不可超过10%。

（五）不同季节饲养管理要点

1. 春季

春天气候逐渐变暖，日照时间逐渐变长，正处于产蛋旺季，是最好的育种和繁殖季节，是鸡只产蛋回升的时期。重点要抓好以下几点：

（1）根据产蛋率变化的情况，及时调节日粮的营养水平，使之适合产蛋变化时鸡只的营养需要。

（2）初春气温变化比较大，常常会出现刮大风，倒春寒的现象。此时要注意防止室温发生剧烈变化和舍内气流速度过急引起的冷应激。

（3）加强环境消毒和春季防疫工作。

2. 秋季

日照逐渐变短，天气逐渐凉爽，管理方面要做好以下几点：

（1）产蛋后期的鸡开始换羽，此时应对鸡群进行一次选择。一般换羽和停产早的鸡多为低产鸡和病鸡，尽早予以淘汰。这样可以保持较好的产蛋率和节约饲料，降低成本。

（2）晚秋季节早晚温差大，要注意在保持舍内空气卫生的前提下，适当降低通风换气量，避免冷空气侵袭鸡群而诱发呼吸道疾病，同时还要着手越冬的准备工作。

（3）补充产蛋鸡群的光照时间

3. 夏季

炎热季节是蛋鸡饲养难度最大的时期。饲养管理工作的核心是防暑降温，促进进食。

产蛋鸡适宜的环境温度的上限为 28℃。当环境温度超过28℃时，鸡单靠物理调节热平衡的方式已不能维持其热平衡了。当气温达到 32℃时，鸡群就会表现出强烈的热应激反应：张嘴喘息，大量饮水，采食量显著下降，甚至停食。产蛋率会大幅度下降，小蛋、轻蛋、破蛋显著增加。长时间持久的热应激还会造成鸡只的死亡。所以，必须做好防暑降温工作。

（1）因地制宜，采取降温措施。

（2）加强舍内通风，提高舍内风速，加速舍内热量的排出。

（3）勤更换饮水，切忌断水。

（4）调整日粮。适当提高日粮中蛋白（氨基酸）和矿物质的含量，降低日粮能量。按每千克饲料添加 200mg 维生素 C，也可在日粮中添加 0.3%～0.1%的碳酸氢钠，或是 0.1%氯化钾，或 0.05%的阿司匹林等，可以减轻热应激的影响。

4. 冬季

鸡适宜温度的下限为 13℃，当舍温低于此温度时，鸡就需要采取增加产热量的化学调节方法来维持热平衡。所以，尽可能维持舍温不低于 13℃。因此，冬季重点要放在保证通风的前提下做好防寒保温工作。首先，修好鸡舍，保持鸡舍的密闭性能。其次，调整好鸡群，淘汰过于瘦弱的鸡只，适当提高日粮能量水平和增加喂饲量。

第四节 种鸡的饲养管理

一、种鸡的饲养管理要点

（一）种鸡的检疫净化与预防接种

1. 种鸡的净化

作为种鸡，疾病的净化和检疫工作很重要，尤其是一些垂直传播的疾病（鸡白痢、白血病和支原体等），种鸡一生中最少要进行 2～3 次鸡白痢的检疫和 2 次白血病的检疫。鸡白痢的第一次检疫，一般在育成期 16 周龄左右；第二次在留种蛋前进行。白血病的第一次检疫在上笼前进行；第二次在留种前进行。

2. 预防接种

根据当地疾病流行情况，在产蛋前（17～20 周龄时）应分别注射新城疫、传染性法氏囊病和传染性支气管炎等疫苗，以提高雏鸡母源抗体的水平。

3. 预防性投药

为了有效地防止鸡群在产蛋期间细菌性传染病的发生，可在种鸡开产前饲喂抗菌素 1～2 个疗程，但不能投喂氯霉素等影响产蛋、孵化和干扰免疫的药物。

（二）饲养方式

常用的饲养方式有平养和笼养两种。平养分为地面平养和网上平养。近年来多采用网上平养，因不同品种和季节而异，但一般每平方米饲养面积能饲养 3～5 只种鸡。每 4 只母鸡配置 1 个产蛋箱。产蛋箱在鸡群开产前 2～3 周安装好，使鸡群有一个熟悉的过程。采食面积为 15cm/只，饮水面积为 2.5cm/只。一般每天喂料 2～3 次，自由采食。

（三）日粮营养标准

在大型专业化种鸡场，通常根据产蛋率的不同采用不同的营养标准，但对小型养殖场可参考下表配制日粮。

产蛋种鸡的营养标准

项目	低限	高限
赖氨酸%	0.8	—
蛋氨酸%	0.35	—
粗纤维%	—	7.0

续表

项　目	低　限	高　限
代谢能（kJ/g）	12.0	—
粗蛋白%	16.5	—
钙%	3.00	3.5
锰%	30.0	—
食盐%	0.50	0.5
磷%	0.50	1.0
锌（mg/kg）	60.0	—
胆碱（mg/kg）	1100.0	—
烟酸（mg/kg）	8.00	—
泛酸（mg/kg）	1.50	—
核黄素（mg/kg）	2.50	—
维生素 A_1（IU/kg）	2700.00	—
维生素 D_3 IU/kg	600.0	—

引自：Smith AJ. Poultry. 1990.

（四）光照管理

产蛋开始前，以每周 30～60 分钟的递增速度延长光照，达到每天 16 小时光照后，保持恒定，直到产蛋停止。光照强度在10～30 勒克斯。

（五）混群配种

鸡群的公母比例为 1∶10～15。正常的性比例和公鸡的质量是保证种蛋受精率的关键。

混群不要太晚，一般在光刺激 3 周以前混群。

二、影响种蛋合格率的因素

提高种蛋合格率是提高生产种蛋经济效益的重要途径，对饲养优秀的种鸡群更是如此。

因此，必须了解其影响因素，并采取针对性措施来提高。影响种蛋合格率主要有以下四个方面。

（一）蛋的外形不符合要求

其中属于遗传方面的只能预作考虑，无法临时矫正；属于饲养管理方面的，如蛋壳品质下降，破蛋多，种蛋合格率降低，则可尽快采取措施，加以解决。

（二）产蛋早期种蛋合格率低

特别是对于开产蛋重量小的品系，应注意在生长阶段控制光照，限制饲喂，适当延迟其性成熟期，使其生长发育比较均匀，性成熟接近同期，这样开产虽稍晚，但开产蛋重大，其后种蛋均匀性好，合格率也高。

（三）产蛋后期种蛋合格率低

一般在产蛋 10 个月后，蛋壳品质急剧下降。这时，如入孵蛋孵化率尚不低，可以采取营养控制的方法，使种蛋蛋重减小一些。如有条件，也可采取 18L∶10D 的光照制度，以改善蛋壳厚度。如此时蛋壳品质与入孵蛋孵化率均显著下降，而种鸡的性能优异，可采用强制换羽方法，使其休产一段时间。再恢复产蛋后，种蛋合格率与蛋的种用品质都有明显提高。

（四）因破损和受污染而不能作种蛋

除破损外，受到粪便等污染的蛋和窝外蛋也不宜用于孵化。因这些蛋不仅孵化率低，以后孵出雏鸡的性能也差。因此，要采取各项措施，尽量防止和减少破蛋、脏蛋和窝外蛋。

三、影响种蛋受精率的因素

蛋的繁殖价值最重要的标志是受精率。受精率的高低反映了种鸡场饲养管理水平，也对种鸡场的经济效益与信誉有重大的影响。因此，有必要了解影响受精率的诸因素，并采取针对性措施来提高。

（一）种鸡本身的因素

1. 公鸡性活动性差，精液品质不良。这对圈、笼小群配种更为重要，因为每个配种群只有一两只公鸡。因此，最好在公鸡放入前检查其精液品质，并定期检查种蛋受精率，及时发现与更换不适用的公鸡。

2. 有些公鸡有眼疾，腿疾或下肢发育不良者，对交配有不良作用的损征或缺陷者也不宜作为种用。

3. 在生长阶段未控制体重或进入繁殖期后身体过肥。

4. 鸡龄大，鸡的受精率以第一年最高，以后逐年下降。

（二）种鸡的饲养

种鸡得不到足够的必需营养成分或者缺乏与繁殖有关的维生素 A、D、E、B 和核黄素、泛酸、生物素、吡哆醇和锰等营养素。

（三）种鸡的环境

舍温过高、过低，光照时间不足，通风不良等。

（四）管理因素

饲养密度过大，料槽与水槽放置过于集中；群序中后列的种公鸡配种机会少；木条、竹板或铅网地面有锐角毛刺，导致发生趾瘤病影响配种；公鸡未断爪，使受刺母鸡逃避配种。

（五）繁殖技术

公母性比不当，公鸡过多或过少；自然交配鸡群放入公鸡为时太短即收集种蛋；人工授精输精的精液品质不良，输精时间不当；母鸡的输卵管受到感染；种蛋保存期过长等。

（六）疾病

如传染性支气管炎、传染性鼻炎、霉形体病、禽痘、关节炎等都会使受精率明显下降。因此，采取有效措施防疫防病，在维护鸡群健康的同时也防止了受精率的下降。

四、种公鸡的选择与培育

（一）小公鸡的选择

小公鸡的选择一般要进行多次，最终达到既符合品种特征又具良好繁殖力的目的。

1. 第一次选择

在6～8周龄时选留个体发育良好，冠髯大而鲜红者；淘汰外貌有缺陷，如胸、腿、喙弯曲，嗉囊大而下垂，胸部有囊肿者。体重过轻和雌雄鉴别误差的公鸡亦应淘汰。选留比例为笼养公母为1∶10，自然交配公母为1∶8。

2. 第二次选择

在母鸡转群时进行，一般掌握在17～18周龄时开始选留体形、体重符合标准，外貌符合本品种要求的公鸡。用于人工授精公鸡，除上述要求外，主要选择性反射功能良好的公鸡。笼养公母比例为1∶15～20，自然交配公母比例为1∶9。

3. 第三次选择

在21～22周龄根据精液品质选择。选择精液颜色乳白色、精液量多、精子密度大、活力强的公鸡。公鸡的按摩采精反应有90％以上是优秀和良好的，10％左右则为反应差、排精量少或不排精的公鸡。

全年实行人工授精的种鸡场，笼养公母比例为1∶25～30，自然交配公母比例为1∶10～12，余留一些后备公鸡作为补充。

（二）种公鸡的培育

种公鸡的培育从雏鸡开始，公母鸡实施分饲。平养与笼养均可。如有条件，饲养密度稀一些为好，以锻炼公鸡的体质。在17周龄以前，应严格按照各品系的鸡种要求进行饲养管理，如测量体重、度量趾长、调整均匀度等。光照方案可按照种母鸡的进行。到17～18周龄时，转入单体笼内饲养（人工授精），光照也以每周增加 0.5 小时的幅度递增，直到达 16 小时为止。

后备种鸡营养水平是代谢能 11～12MJ/kg，育雏期粗蛋白质 18%～19%，钙 1.1%，有效磷 0.45%；育成期粗蛋白质 12%～14%，钙 1.0%，有效磷 0.45%。

人工授精的公鸡要断喙，以减少育雏、育成期的伤亡。平养自然交配的公鸡不可断喙。并同时断趾，断趾是断掉内趾和后趾第一关节，以免自然配种时抓伤母鸡。

五、留用种蛋的时间

在种鸡体重与体况发育正常的情况下，一般在 25 周龄或者在蛋重达到 50g 时，开始留用种蛋。采用笼养进行人工授精时，在收集种蛋前两天开始对同一鸡群连续两天的人工授精，第三天开始收集种蛋。若采用平面饲养（网上平养、地面平养或棚架饲养），一般在 18 周龄时将公鸡放入母鸡群中，让公母鸡彼此有一个相互熟悉和建立群序的时间。然后再按上述时间留用种蛋。目前，所饲养的蛋鸡品种（品系）多具早熟的特点，提前开产和达到产蛋高峰的现象时常发生，遇到类似问题不能急于进行人工授精，防止抓鸡或翻肛对母鸡带来的危害。可采取降低喂料量和延迟增加光照时间的方法减缓产蛋高峰的到来，使鸡有充足的时间提高蛋重及保证体况的充分发育。

六、提高种蛋合格率的措施

蛋种鸡蛋重在 50～65g 为宜，蛋重过大、过小及各种畸形蛋均影响孵化率。因此，饲养种鸡不仅要考虑提高产蛋量，还要考虑提高种蛋合格率与受精率。

（一）全价日粮

在种鸡的饲料中除了满足能量和蛋白质的需要以外，更要注意影响蛋壳质量的维生素和矿物质元素的添加，尤其是钙、磷、锰、维生素 D_3。通过提高营养水平，可以有效地降低破蛋率而使种蛋合格率提高，破蛋率应控制在 2%以内。

（二）科学管理

除了常规管理以外，还要特别加强饲养员对种蛋收集和管理的责任心。应把破蛋率定为饲养人员工作质量的指标之一，收集的种蛋分别统计记录，以促进破蛋率的降低。如增加拣蛋次数，上午至少要拣蛋 3 次，下午也要拣蛋 2 次以上。

注意避免“炸群”和维持鸡群的健康。鸡群一旦发病，畸形蛋、软皮蛋比例则增加。产蛋期间，尽量减少预防免疫的次数，以降低软皮蛋的比例。双黄蛋多在产蛋初期出现，主要是初产母鸡生殖机能亢进所致，也与光照制度、初产体重、饲料营养、饲料喂量、环境因素、初产日龄有关。为了减少双黄蛋，要按照标准培育好青年鸡，使开产体重、日龄、体尺（跖长）达到标准。

（三）提高初产时种蛋合格率

延迟开产，可通过育成期内限饲或结合采用适当的光照来实现。初产蛋大是因为鸡日龄大（蛋的大小是随鸡的日龄增长而增加的）。所以，无论母鸡在什么时间开产，当达到一定日龄时总是下一定大小的蛋。因而推迟性成熟，就会使初产蛋较大，从而提高初产种蛋合格率，增加经济效益。

（四）选择设计合理蛋鸡笼

产蛋鸡笼底网的选择要注意以下几个问题：底网弹性要好；镀锌冷拔丝直径不超过 2.5mm；笼底蛋槽的坡度不大于 8 度。每个单体笼装鸡不超过 3 只，每只鸡占笼底面积不小于 $400cm^2$，且各交叉处不能有焊接的痕迹。优质笼具的破蛋率很低，一般可控制在 2%以内。有些价低质差的鸡笼破蛋率可超过 5%。所以，良好的养鸡设备也是提高种蛋合格率的关键因素。

（五）提高种蛋受精率的措施

提高种蛋受精率是提高合格种蛋利用率的有效措施，从而增加种蛋的合格率。提高种蛋受精率的措施主要有：选择具有繁殖力强的公鸡；公鸡的使用年限合理；适当的公母比例；推广应用人工授精技术。进行人工授精时，要掌握好正确的输精姿势、准确的输精部位和输精深度、适宜的输精间隔时间及一天中最佳的输精时间。一般可以使受精率达到93%以上，最高可达到98%。此外，翻肛人员不要过度挤压蛋鸡的腹部，以防卵黄破裂进入腹腔内，引起卵黄性腹膜炎。尤其是初产母鸡，不能使用新手翻肛。

第二章　肉鸡生产

肉用仔鸡按羽色可分为白羽和黄羽。白羽肉鸡多为国外引进的快大型商品肉鸡。目前，我国各黄鸡育种公司育成的黄鸡配套系主要为仿土鸡类型，即在配套中引入有隐性白羽品系的血液，其生产性能较高。另一种为土鸡配套生产，选育程度不高。虽然各种肉鸡的生产性能存在差异，但饲养管理要点基本相同。

第一节　肉用仔鸡的饲养管理

肉用仔鸡具有生长快，肉质细嫩，饲料报酬高，适于集约化饲养等特点。因此，必须采用高能、高蛋白的饲料。

（一）营养需要

肉用仔鸡5周龄内日粮应含有23%～24%的粗蛋白；5周龄后至8周龄供屠宰时应含有20%～21%的粗蛋白。饲料配方对取得最经济的效益具有重要作用。一般均采用自由采食法，前期最好采用颗粒较小的颗粒料，4～5周后改用适当大小的颗粒料，并以合成维生素制剂代替青饲料和糠麸类饲料。

各种肉用仔鸡的营养标准有所不同，但总体上可参照下表执行。到9周龄时，每只鸡的平均耗料量为7.2kg左右。

肉用仔鸡的营养标准

项　目	幼雏期（0～23d）	中期（24～40d）	后期（41d至上市）
代谢能（kJ/kg）	12970	13389	13389
粗蛋白（%）	23	20.5	18.5

续表

项　目	幼雏期（0～23d）	中期（24～40d）	后期（41d至上市）
钙（%）	0.90～1.00	0.85～1.00	0.80～0.95
总磷（%）	0.45～0.50	0.41～0.50	0.38～0.45
盐（%）	0.30～0.50	0.30～0.50	0.30～0.50
蛋氨酸（%）	0.47	0.45	0.38
赖氨酸（%）	1.18	1.02	0.77
色氨酸（%）	0.23	0.20	0.18

引自杨山，李辉主编《现代养鸡》，北京：中国农业出版社，2002。

（二）管理方式

肉用仔鸡的管理方式有平养、笼养和笼平养混合三种。平养又有垫料饲养和网养两种。目前，国内外饲养肉用仔鸡一般均以“平养不换垫料”的管理方式居多。这种管理方式适合肉鸡生长发育特点，管理较方便。

1. 厚垫料平养

这种方法的优点是简便易行，设备投资少，胸囊肿的发生率低，残次品少。

缺点是球虫病较难控制，药品和饲料费用较大。

（1）垫料厚度10～15cm。

（2）垫料质量干燥松软，吸水性强，不霉坏，不污染，长度以10cm以内为好。常用的垫料有切短的玉米秸、破碎的玉米棒、小刨花、锯末、稻草、麦秸、干砂等。

（3）垫料管理要求垫平，厚度一致。经常抖动垫料，使鸡粪落到垫料下面。水槽（饮水器）及料槽（桶）周围的潮湿垫料要及时更换。饲养后期，必要时应再往垫料上面加一层垫料。

肉鸡大部分时间伏卧在垫料上，垫料的质量对肉鸡的生长和胸、腿部发育十分重要。垫料潮湿、板结，最易发生胸囊肿而降低肉鸡商品等级。

近年来，在国外有些鸡场连续使用旧垫料饲养肉鸡。这样可以节省垫料开支，同时也可节省更换垫料的劳力和时间，缩短鸡舍周转期，降低生产成本。应注意，如果前一批鸡曾经发生病菌或增重成绩不佳，垫料潮湿、板结，都不应连续使用。用旧垫料养鸡时，根据情况可加些新的垫料，以保持足够的厚度和垫料质量，个别板结、潮湿的地方应该更换。

2. 塑料网面饲养

这种方式易控制球虫病。采用时，把方眼塑网铺在金属地板网或竹夹板上面，以增加弹性，减少胸囊肿。形式与蛋用雏鸡网养基本一样。金属网与塑料网均有定型产品。

3. 竹竿或竹（木）片网上平养

选用约 2cm 粗的圆竹竿，平排钉在木条上，竹竿间距 2cm 左右，制成竹竿网，再用支架架起，离地面 50cm 左右，鸡群就生活在这竹竿网上。这种方法可使球虫病的发生减少，同时可防止胸囊肿的发生。因为鸡的祖先生活在丛林中，栖息在枝条上，这种习性至今保留。当在竹竿网面上生活时，它们就可用脚爪抓住竹竿蹲着休息。应当说明的是，竹竿网与竹（木）片网有根本的区别。竹（木）片网上饲养，鸡粪很容易粘在竹片两侧而难以清洗，而圆竹竿使鸡粪不易附着，利于清洗和消毒。

4. 笼养

国内有些鸡笼生产厂家生产肉鸡饲养笼，从育雏到出栏一直在笼内饲养。肉鸡笼养本身有增加饲养密度，减少球虫病发生，提高劳动效率，便于公母分群饲养等优点。但因底网硬、鸡活动受限、胸囊肿严重、商品合格率低，很难推广应用。因此，目前仔鸡笼养的还较少。

为了避免肉仔鸡笼养的弊病又利用其优点，近年来国内外有的鸡场，在仔鸡 2～3 周龄内笼养，2～3 周龄后放在地面饲养，即采用笼养、平养混合管理方式。

（三）卫生防疫

肉鸡出生时，在孵化厂即应接种马立克氏疫苗。此外，大约在 8～10 日龄和 28 日龄作两次鸡新城疫免疫，具体接种时间可依鸡群抗体效价情况而有所变动。在 14 日龄和 21 日龄作两次法氏囊免疫。肉鸡饲养量大，为减少劳力消耗和因捉鸡产生应激，免疫一般均采取饮水方式。作饮水免疫要注意清洗好饮水器，饮水中不能使用清洁剂或消毒液，否则会降低疫苗功效，在饮水中混些脱脂奶（40L 加 115g 脱脂奶），可降低饮水对疫苗的不良反应，延长疫苗的有效时间；疫苗的使用应严格按药厂规定进行。此外，根据当地疫病流行情况，有时尚需接种传染性支气管炎（1～3 日龄）疫苗。

肉鸡平养，最易发生球虫病。一旦患病，会损害鸡肠道黏膜，妨碍营养吸收，采食量下降，严重影响鸡的生长和饲料效率。如遇阴雨天或鸡粪便过稀，即应在饲料中加药预防。

如鸡群采食量减少，出现便血，则应立即投药治疗。预防、治疗球虫时，必须注意药物残留问题。在出场前一两周停止用药。预防球虫病必须从管理上入手，要严防垫料潮湿，发病期间每天清除垫料粪便，以清除球虫卵囊发育的环境条件。

肉用仔鸡一般采用全进全出制，但在两批中间至少有 7～10 日的打扫、冲洗和消毒时间，这对切断传染源是一个有效的手段。同时，也便于科学饲养管理。肉用仔鸡仅需弱光照，以能看到食槽和水槽即可。如此，可促进肉用仔鸡安静，减少啄癖，加快生长发育。

第三章 常见鸡病的诊断与防治

第一节 幼雏期（0～2周龄）的常见病

一、鸡白痢

鸡白痢是由鸡白痢沙门氏菌引起鸡的一种常见病和多发病。主要侵害雏鸡，临床表现以雏鸡拉白色糊状稀粪为特征，死亡率高，是影响雏鸡成活率的主要因素之一，成年禽多为慢性经过或呈隐性感染，并可引起垂直传播。

（一）病原及流行病学特点

1. 鸡白痢的病原为鸡白痢沙门氏菌，为革兰氏阴性，对寒冷、日光、干燥均有抵抗力。常用的消毒药均可达到消毒的目的。鸡白痢沙门氏菌对多种抗菌药物都有敏感性，但易产生耐药性。

2. 鸡白痢主要发生于鸡2周龄以内，主要呈急性败血症；20～45日龄者呈亚急性；成年鸡多为慢性或隐性感染。

3. 鸡白痢常发的鸡场，雏鸡的发病率多在20%～40%左右，但新传入本病的鸡场，发病率和死亡率皆显著高于老疫区的鸡群。

4. 鸡白痢的传播途径较多，常见的有：

（1）经种鸡传播：种鸡（含公鸡）患慢性白痢或隐性带菌者，可通过种蛋垂直传播白痢，造成孵化胚后期胚体死亡或弱雏孵出，有的出壳时虽然正常，但10日龄内可表现出临床症状。

（2）孵化器内感染：由于带菌种蛋出孵后，雏鸡的胎粪、绒毛、蛋壳等都含有多量鸡白痢沙门氏菌，其他雏鸡可通过呼吸道和消化道被感染。

（3）水平感染：病鸡和带菌鸡的带菌排泄物，通过被污染的饲料、饮水、环境经消化道传染给其他健康鸡群。

5. 鸡白痢的发病率及死亡率与饲养管理和环境条件密切相关，育雏室内温度过高或过低、通风不良、密度过大、采食饮水不足、长途运输等因素皆可提高其发病率和死亡率。

（二）临床症状和病理变化

1. 胚胎期感染者，出现死胚或在1～2天内以弱雏的状态死亡；部分病雏外表健康，在出壳后7～10天开始发病，并出现死亡；20日龄后发病鸡迅速减少。

2. 病雏精神萎靡、缩颈闭目、离群呆立一隅，或靠近热源挤成一堆，双翅下垂，多数病鸡呼吸困难而急促，时而尖叫，排出白色糊状稀粪，污染肛门周围的绒毛，甚至堵塞肛门。

3. 成年鸡感染常无临床症状，母鸡的产蛋量和受精率会有不同程度的降低，有的感染鸡可因卵黄囊炎引起腹膜炎。

4. 雏鸡的病理变化。病雏的肝脏肿大、呈土黄色，胆囊扩张，脾肿大，卵黄吸收不良、多为黄绿色；肾因肾小管扩张充满尿酸盐呈花斑状；肺和心脏表面、肌胃、肠黏膜面有灰白色稍隆起的坏死结节；盲肠内有干酪样物充斥，形成"盲肠芯"。

5. 成年母鸡主要的病变为卵泡变形、变色，有腹膜炎，伴有急性或慢性心包炎；成年公鸡睾丸极度萎缩，输精管管腔增大，充满稠密的均质渗出物。

（三）诊断要点

1. 根据发病鸡的日龄、流行特点、症状和剖检变化，可做出初步诊断。确诊需做病原分离培养和生化及血清学的鉴定。

2. 成年鸡多呈慢性和隐性经过，可用全血平板凝集试验，检查其抗体，判定其是否感染过本病。

（四）防治措施

1. 有计划地培育无鸡白痢病的种鸡群

（1）对育雏阶段出现鸡白痢症状的雏鸡均应淘汰或转为商品鸡用。其余种鸡每月进行一次鸡白痢血凝试验，连续三次。公鸡要求在 12 月龄后再进行 1～2 次检查，阳性者一律淘汰或转为商品鸡。

（2）注意切断传播途径：要求对鸡舍和用具经常消毒；孵化蛋壳不要沾有粪便，入孵前还应对表面进行消毒；出孵器内的死胚、破碎蛋壳等应及时收集并消毒。

（3）注意育雏期的饲养管理：育雏室温度要均衡、饮水要卫生、空气应流通、大小鸡不要混养等。

（4）购买鸡苗时，不要从有鸡白痢的种鸡场引进鸡苗。

2. 治疗

（1）从多年来防治实践和细菌的分离、药敏试验结果看，以下药物疗效较好，如氧氟沙星（0.005%～0.01%，饮水）、庆大霉素（0.01%～0.02%，饮水）及新型喹诺酮类药物。此外，兽用新霉素防止雏鸡下痢也有很好的效果。

（2）药物预防应避免长时间使用一种药物，更不要一味加大药物剂量，达到防治目的。要考虑到有效药物可以在一定时间内交替、轮换使用，药物剂量应合理，防治要有一定的疗程。一般，投药 4～5 天即可达到预防目的。

3. 用生物竞争排斥的现象也可预防沙门氏菌病

常用的生物制剂有促菌生、调痢生、乳酸菌等。注意在用这类制剂的同时以及前后 4～5 天，应禁用抗菌药物。而且，这类制剂的使用必须保证正常的育雏条件，较好的兽医卫生管理措施。此外，与鸡群的健康状况也有关系。

二、曲霉菌病

曲霉菌病是多种禽类都能感染的一种霉菌性疾病，幼雏易感，常呈急性暴发，有较高的发病率和病死率。病雏主要表现为呼吸困难，在肺、气囊等脏器上形成小米粒大的灰黄色结节。

（一）病原及流行病学特点

1. 曲霉菌病的主要病原为烟曲霉，其次为黑曲霉、黄曲霉和土曲霉等。霉菌和它产生的孢子广泛地分布于自然界，对外界的理化因素有很强的抵抗力，只要在温暖、潮湿的环境下就能很快地繁殖。曲霉菌能产生毒力很强的毒素，使肺发生病变，造成组织坏死，对血液、神经组织皆有损害作用。

2. 霉菌易在豆饼、玉米、骨粉、鱼粉等饲料中生长繁殖。饲料中只要有一种成分轻微霉变，就可使雏鸡致病。此外，阴暗潮湿的鸡舍、不洁的育雏器和其他用具、梅雨季节、空气污浊等均有利于曲霉菌增殖，导致本病发生。

3. 曲霉菌病的传播途径是呼吸道和消化道，雏禽常因接触发霉饲料和垫料，经呼吸道或消化道而感染；若种蛋表面污染霉菌，霉菌孢子可穿过蛋壳，而引起死胚，雏禽即使能孵出，也会在出壳后不久出现症状。

4. 在自然条件下，各种禽类都有易感性，以 4～12 日龄的幼禽易感性最高，常表现为急性和群发性。孵化室严重污染时，新生雏可受到感染，几天后表现症状，一个月后基本死亡。成年禽以慢性和散发性为主。

（二）临床症状和病理变化

1. 雏鸡感染呈急性表现，精神委顿、食欲减退、羽毛松乱。特征性的症状为呼吸困难、伸颈张口、打喷嚏、鼻内流出浆液性的液体，后期常有腹泻，有的还可出现歪头、麻痹、跛行等神经症状。急性病例的死亡率非常高。

2. 成年鸡感染多呈慢性经过，病死率较低。部分病例由于霉菌侵入眼部，可引起眼炎。

3. 病理变化主要存在于呼吸器官，肺部可见有粟粒大至黄豆大的黄白、灰白色霉斑，切开似有层状结构。此外，气管和气囊等也能见到霉斑。

（三）诊断要点

鉴于曲霉菌病的发生和饲料、环境是否有霉菌生长有密切的关系。因此，诊断本病最好到现场调查、查看，结合流行病学和病理变化一般不难做出诊断。实验室检查通常采取病变部位的霉斑，压片后在低倍显微镜下观察有无霉菌的菌丝和孢子。

（四）防治措施

1. 预防本病的关键是不使用发霉的垫料和饲料，垫料要经常翻晒，妥善保存，尤其是阴雨季节，防止霉菌生长繁殖。种蛋、孵化器及卵化厅均要按卫生要求进行严格消毒。

2. 雏鸡发病后，首先应迅速查明原因，并立即排除，如更换发霉的饲料和垫料，同时进行环境、用具等的消毒工作，在此基础上进行药物治疗才能奏效。

3. 药物治疗。制霉菌素，剂量为每 100 只雏鸡一次用 50 万单位，每日 2 次，连用 2～4 天。同时，用 1∶2000 的硫酸铜或 0.5%～1%碘化钾饮水，连用 3～5 天，效果更好。

另外，二性霉素、克霉唑等也有较好的疗效。

4. 饲料在运输、贮藏的过程中，可使用一些防霉剂添加于饲料中，防止其霉变，如露保细、安亦妥、踢霸等。

三、禽脑脊髓炎

禽传染性脑脊髓炎，是一种主要侵害雏鸡的病毒性传染病，常见于 1～3 周龄的雏鸡。主要特征为共济失调和头颈震颤，有的表现为轻瘫和完全麻痹；产蛋鸡感染后则表现为产蛋量下降。

（一）病原及流行病学特点

1. 禽脑脊髓炎的病原为禽脑脊髓炎病毒。病毒对外界环境的抵抗力较强，在粪便中可存活 4 周。

2. 本病对鸡易感，但一般只在雏禽才有明显的临床症状；产蛋鸡感染后显示 1～2 周的产蛋量轻度下降。

3. 本病的传播方式有两种：

（1）垂直传播：产蛋母鸡感染后，3 周内所产的种蛋内均带有病毒，这些种蛋的一部分可能在孵化过程中死亡，另一些可以孵化出壳，但出壳的雏鸡在 1～20 日龄之间陆续出现典型的临床症状。

（2）水平传播：病鸡感染后，通过粪便的排毒时间约为 5～14 天。当易感鸡接触到被污染的饲料或饮水时，便会发生感染。

（二）临床症状和病理变化

1. 病雏初期较为迟钝，步态异常，特征性的症状为头颈震颤，共济失调或麻痹。病雏因病情的加重不能走动和站立，由于得不到食物和饮水而迅速衰竭，加上卧地不起而受到同群鸡的践踏，死亡率逐渐增加。

2. 大雏和成年鸡往往为隐性感染，产蛋鸡感染后可使产蛋量减少 20%左右，异形蛋增多，持续 3～5 周后，可恢复正常。

3. 死于禽脑脊髓炎的鸡，没有明显的肉眼病理变化。组织学变化主要见于中枢神经系统和腺胃、肌胃、胰腺等一些脏器中，周围神经一般不累及。在中枢神经系统中，主要显示病毒性脑炎的病变，如神经原变性、胶质细胞增生和血管套等；在腺胃的黏膜肌层以及肌胃、肝、肾、胰腺中可见到密集的淋巴细胞增生灶。

（三）诊断要点

1. 根据疾病仅发生于3周龄以下的雏鸡，无明显肉眼病变而以共济失调和震颤为主要症状，药物治疗无效等，可作出初步诊断。但确诊必须以实验室结果为依据。

2. 病理组织学上的一些特征性改变，在本病的诊断上有诊断意义。

（四）防治措施

1. 本病尚无有效的治疗方法，一般性的防疫措施均适用于本病。当出壳后不久的雏鸡发生本病时，孵化室应停止3周，彻底消毒后方可再使用。

2. 不引进禽脑脊髓炎污染场的鸡苗。

3. 免疫接种是防制本病的重要手段。通常是父母代种鸡在产蛋前3周接种弱毒苗，使母鸡在开产前就得到免疫力，并经蛋传递到下一代雏鸡，保护雏鸡不发病。

第二节　中雏期（3～8周龄）的常见病

一、禽流感

禽流感是由禽流感病毒感染家禽后引起的各种综合征。呈无症状感染、不同程度的呼吸道症状、产蛋率下降，以致引起头冠和肉髯紫黑色、下痢、腺胃乳头和肌胃角膜下等器官组织广泛性出血、胰脏坏死、纤维素性腹膜炎和100％死亡率的急性败血症。

（一）病原及流行病学特点

1. 禽流感的病原为禽流感病毒。不同毒株的禽流感病毒在致病力方面有明显的差异：

（1）无致病力，毒株长期存在于某些野生的水禽体内，被感染宿主可无临床的表现，抗体很低或几乎为零。

（2）感染易感禽后，可诱导产生较高水平的抗体，但被感染禽无临床症状和病变。

（3）引起易感禽出现轻度的呼吸道症状和（或）产蛋量下降。

（4）高致病力禽流感毒株，能引起易感禽群产生100％的死亡率。

2. 禽流感可通过多种途径传播。感染禽群的粪便及分泌物污染的饲料、饮水、空气中的尘埃以及笼具、蛋品、种苗、运输工具等，可通过各种渠道如呼吸道、消化道进入其他的健康禽群。带病毒的候鸟和野生水禽在迁栖过程中，沿途可散播病毒。与带毒的人或猪的接触也可能引起病毒的传播。

3. 该病一年四季均可流行，但以冬季和气温骤冷骤热的季节更易暴发。

（二）临床症状和病理变化

禽流感的临床症状可受到病毒毒力、宿主种类、年龄、性别、并发感染、获得性免疫和环境因素等影响，表现为异常多变，可从无症状的隐性感染到100％的死亡率。

1. 低致病性禽流感：表现为呼吸、消化、泌尿和繁殖器官的异常。以轻度乃至严重的呼吸道症状为常见，如咳嗽、啰音、喘鸣和流泪等。严重的病例，可见病鸡下痢，鸡群采食量下降，可出现死亡。产蛋鸡有不同程度的产蛋率下降。

低致病性禽流感的病理变化主要在呼吸道，尤其是窦的损害，以卡他性、纤维素性、脓性或纤维素脓性炎症为特征。气管黏膜充血、出血，气管的渗出液从浆液性至干酪样不等，气囊膜混浊；典型的纤维素性腹膜炎，肠黏膜充血或轻度出血，胰腺有斑状灰黄色坏死点；输卵管黏膜充血、水肿，卵泡充血、出血、变形。

2. 高致病性禽流感：其临床症状多为急性经过。最急性的病例可在感染后10多个小时内死亡。急性型鸡群的采食量、饮水量明显下降，鸡群精神沉郁，死亡明显增多，临床症状逐渐明显。病鸡头部肿胀，冠和肉髯发黑，流泪，体温升高；呼吸困难，啰音；歪头；下痢，粪便黄绿色并带多量的黏液或血液；产蛋率急剧下降或几乎停止；受精率和受精蛋的孵化率明显下降；鸡脚鳞片呈紫红色或紫黑色。死亡率几乎达到100%。

高致病性禽流感的病变最急性型常无大体病变。急性型的病鸡多因皮下水肿常导致头、面部肿胀；肉冠和肉髯常可看到坏死、出血和发绀；内脏器官则表现出浆膜或黏膜面出血和实质的坏死灶，常见有心肌条纹状坏死，胰腺、脾脏有黄白色坏死斑点，腺胃乳头、肌胃角质膜下、十二指肠黏膜出血，喉气管黏膜充血、出血等。

（三）诊断要点

1. 通过临诊症状、流行病学和病理变化分析或通过检测禽流感抗体，做出初步诊断。确诊需检测禽流感病毒抗原或基因，或分离鉴定禽流感病毒。

2. 值得注意的是，在已做过禽流感免疫接种的禽群，由于症状和病变不典型，仅凭症状和病变则较难作出初步诊断，对其确诊必须做病毒的分离与鉴定。

（四）防治措施

1. 对于禽流感，尤其是高致病性禽流感，首先依靠严格的生物安全措施预防。如不慎被引进则应阻止扩散，果断采取隔离封锁、扑杀销毁、环境消毒等措施。

2. 免疫接种。针对不同亚型的禽流感采用相应型别的禽流感疫苗进行预防接种，可起到较好的免疫保护作用。

3. 接种疫苗的同时，必须继续加强禽场的总体卫生防疫工作，切实避免禽流感的发生。

二、鸡新城疫

鸡新城疫是由鸡新城疫病毒引起的一种急性高度接触性传染病。其特征为发病急，发热，呼吸困难，腹泻，神经紊乱及黏膜、浆膜出血等败血症变化。

（一）病原及流行病学特点

1. 鸡新城疫病原为鸡新城疫病毒。本病毒只有一个血清型，按毒株毒力的强弱，可将病毒分为弱毒株、中等毒株、强毒株。鸡新城疫病毒主要存在于病鸡的组织器官、分泌物和排泄物中。病毒对外界的抵抗力较强，在未经消毒的密闭鸡舍内可存活 8 个月，并仍具有传染性，但一般常用的消毒液均有效。

2. 鸡新城疫病毒主要感染鸡、火鸡、野鸡和鹌鹑，鸭、鹅和麻雀等可成为病毒的携带者和传播者。

3. 病毒主要经消化道和呼吸道传播。病死鸡处理不当，貌似健康的带毒鸡及其所产蛋的集市交易，带毒种禽、鸟类的流动，受病毒污染的人、空气、粪便、饮水、垫料等皆可造成病毒的传播，但尚未发现垂直传播。

4. 鸡新城疫的流行无季节性，引进带毒鸡、飞禽以及外来人员随便进出鸡舍，大小鸡混养，装饲料的口袋与外界交替反复使用，免疫不当或失败等因素，可造成本病的流行。

（二）临床症状和病理变化

由于毒株的毒力强弱和鸡群的免疫状态不同，临床症状有所差异。

1. 最急性型见于流行初期、易感性很高的仔鸡，常无特征性的症状突然死亡。

2. 急性型病鸡委靡，离群呆立一隅，呼吸困难，冠、髯呈紫黑色，嗉囊积液，便黄绿色稀粪；产蛋鸡产蛋量下降或停止，蛋壳褪色，软壳蛋、畸形蛋增多，种蛋受精率和孵化率明显降低。

3. 慢性型见于流行后期或免疫接种质量不高的鸡群。病鸡症状轻微，陆续出现神经症状，站立不稳，跛行，惊扰后突然后仰望天或倒地，抽搐旋转，数分钟后恢复正常，部分病鸡因采不到饲料而逐渐衰竭死亡。

4. 主要病变为全身黏膜和浆膜出血，尤以消化道明显。泄殖腔充血、出血、坏死、糜烂；腺胃乳头出血，肌胃角质膜下出血；十二指肠以至整个肠道黏膜充血、出血；喉气管黏膜充血、出血；心冠沟脂肪出血；卵泡充血、出血、破裂。

（三）诊断要点

1. 根据流行病学、临床症状和剖检变化，即可做出临床诊断。鸡新城疫的特点为发病急、传播快，抗菌药物防治无效。发病鸡病死率逐日增高，表现呼吸困难，嗉囊积液，腹泻；主要病变是消化道和呼吸道黏膜和浆膜出血等。

2. 确诊必须进行病毒分离鉴定和其他实验室诊断。值得注意的是，在确定为鸡新城疫病毒后，必须进行病毒毒力的测定，以确定分离株是野毒还是疫苗株病毒。

3. 注意与禽流感、禽霍乱等疫病的类症鉴别。

（四）防治措施

1. 严格执行卫生防疫措施，杜绝病原侵入鸡群。防止带毒禽、鸟等进入鸡舍，鸡群应在隔离条件下饲养。

2. 防治鸡新城疫的关键在于搞好免疫接种。有条件的鸡场，应定期进行新城疫抗体监测，为合理的制定免疫程序提供依据。

3. 当鸡群发生鸡新城疫或受到新城疫威胁时，可进行紧急免疫接种。

三、传染性支气管炎

传染性支气管炎是鸡的一种急性、高度接触性传染的病毒性呼吸道和泌尿生殖道疾病。特征是咳嗽、喷嚏、气管啰音和呼吸道黏膜呈浆液性卡他性炎症。雏鸡有较高的发病率和病死率，产蛋鸡则表现为产蛋量减少和蛋白品质下降。

（一）病原及流行病学特点

1. 本病的病原是鸡传染性支气管炎病毒。病毒主要存在于呼吸道渗出物中，其血清型众多。目前已知有27个血清型，各型之间仅有部分交叉保护力。

2. 传染性支气管炎病毒，各日龄的鸡皆易感，以2～20日龄的雏鸡最为严重，染后肾病变多见于20～50日龄的仔鸡，发病率和病死率高。

3. 病毒主要存在于病鸡呼吸道的渗出物中，可通过空气飞沫或饮水、饲料从呼吸道或消化道感染。

4. 本病的发生和流行与应激因素密切相关。鸡舍温度过冷、过热，通风不良，鸡群密度过高以及维生素和矿物质缺乏等因素，皆可增高病鸡的发病率、继发感染几率和死亡率。

（二）临床症状和病理变化

1. 雏鸡伸颈、张口呼吸、打喷嚏和流鼻液，可闻及啰音。其病死率与并发症有关，一般为15％。

2. 中鸡和成鸡张口呼吸、咳嗽、甩头、啰音明显，发病3～4天后，常有黄白色或绿色下痢，病死率一般不高。

3. 产蛋鸡除表现气管啰音、咳嗽、喷嚏外，突出的症状是产蛋量显著下降（降幅可达50％），蛋白稀薄如水，并有畸形、软壳、粗壳蛋。病程4～8周，愈后蛋鸡的产蛋量很难恢复到患病前的水平。

4. 传染性支气管炎的病理变化主要是气管、支气管、鼻道和窦内有浆液性、黏液性或干酪性的渗出物。产蛋鸡的卵泡充血、出血、变形。两周龄内的雏鸡感染后，输卵管可造成永久性损害。

5. 肾变性支气管炎主要发生于2～4周龄的鸡，特征性症状是排白色尿酸盐的水样便，脱水；病死率 5%～30%。其主要病理变化为肾小管和输尿管内充满白色的尿酸盐，肾脏呈花斑状。

（三）诊断要点

1. 本病传播迅速，病鸡表现呼吸困难，上呼吸道有干酪样的渗出物，肾变型则以排出含白色尿酸盐的水样便和花斑肾为特征，产蛋鸡产蛋量急剧下降和畸形增加。因此，根据流行病学、临床症状和病理变化，可做出初步诊断。

2. 确诊需在实验室进行病毒的分离、培养和鉴定。

（四）防治措施

1. 预防鸡传染性支气管炎应从改善饲养管理和兽医卫生条件、减少对鸡群不利应激因素以及加强免疫接种等预防措施入手。

2. 在本病流行和受威胁的地区，进行免疫接种。3～4 周龄内的雏鸡常用 H120 弱毒疫苗进行免疫接种，H52 弱毒疫苗则适用于 21 日龄以上的鸡加强免疫。

3. 本病目前无特殊性治疗方法。发病鸡群应注意改善饲养管理条件，降低鸡群密度，加强鸡舍消毒，同时添加抗菌药物，控制大肠杆菌、支原体等病原的继发或混合感染；对肾脏病变明显的鸡群应降低饲料中的蛋白含量，并适当补充 K^+ 和 Na^+。

四、传染性法氏囊病

传染性法氏囊病是幼龄鸡的一种免疫抑制性、高度接触性传染病。主要侵害鸡的体液免疫中枢器官法氏囊。本病特点是发病率高、病程短，典型症状为腹泻、颤抖、极度衰弱，法氏囊水肿、出血，胸肌和腿肌斑块状出血。

（一）病原及流行病学特点

1. 传染性法氏囊病的病原为传染性法氏囊病病毒。病毒对外界的环境的抵抗力很强，在污染的粪便、饲料、饮水中可存活 52 天，在清除法氏囊病病鸡的鸡舍中可存活 122 天。

2. 本病主要发生于鸡，各品种、年龄的鸡皆可感染，以 3～6 周龄的鸡最易感染。本病潜伏期短，传播快，感染率和发病率高，有明显的死亡高峰。

3. 传染性法氏囊病可直接接触传播，也可通过病毒污染的各种媒介物如饲料、饮水、垫料、人员、昆虫等间接传播。感染途径包括消化道、呼吸道和眼结膜等。

4. 近年呈现的流行特点体现在传染性法氏囊病毒污染地区，单纯用弱毒疫苗难以控制传染性法氏囊病的发生，多表现散发或轻度暴发；传染性法氏囊超强毒株感染，鸡群的死亡率可高达 70％以上。

5. 常与新城疫、慢性呼吸道疾病、大肠杆菌病等混合感染或继发感染；法氏囊病毒早期感染可引起严重的免疫抑制。

（二）临床症状和病理变化

1. 本病潜伏期短，2～3 天出现症状。病初，个别鸡突然发病，精神不振，1～2 天可波及全群，病鸡精神沉郁，食欲下降，羽毛蓬松，翅下垂，闭目打盹，有些病鸡自啄泄殖腔，排白色稀粪。5～7 天达到死亡高峰，其后迅速下降并快速平息。

2. 本病病死鸡脱水现象明显，胸肌、腿肌有不同程度的条片状出血。特征性病变为法氏囊肿胀、出血，囊腔内有胶冻样渗出液或干酪样物质；病程较长者，法氏囊萎缩；超强毒株感染可引起法氏囊的严重出血，呈“紫葡萄样”。腺胃与肌胃交界处常有出血带。肾脏可见有尿酸盐沉积。

（三）诊断要点

1. 根据传染性法氏囊病的流行病学特点、临床症状和特征性病变，如发病急，病程短，传播快，有明显的死亡高峰和迅速康复。胸肌、腿肌、法氏囊水肿、出血等，可作出初步诊断。

2. 确诊需要进行实验室检查。

（四）防治措施

1. 鉴于传染性法氏囊病病毒对环境和理化因素的抵抗力强，因此应对雏鸡舍和患过本病的鸡舍进行严格、彻底的消毒，同时还应作好各生产环节的卫生消毒工作。

2. 本病流行的严重程度及病死率的高低，与鸡舍的环境温度、通风换气、饲料营养及各种应激因素有关。因此，应注意改善鸡群的环境条件，避免应激。

3. 免疫接种是控制法氏囊病的主要方法，建立合理的免疫程序十分重要。建议使用中等毒力的法氏囊弱毒疫苗，首免应根据琼脂扩散实验测定的结果来确定，一般多在10～14日龄进行首免；二免应在首免后3周进行。种鸡在120～140日龄再用油乳剂灭活苗接种一次。

4. 对发病鸡群，应注意对环境和鸡舍进行彻底消毒。可用传染性法氏囊中等毒力活疫苗对全群鸡进行紧急接种。发病早期用高免血清每只鸡注射0.2～0.5ml，有好的疗效；用高免卵黄抗体（最好为SPF蛋）在发病早期对病鸡及同群假定健康鸡进行注射，亦具有较好的治疗和预防作用。适当降低饲料中的蛋白质、提高维生素的含量，用抗菌药物控制鸡群的继发感染，可使病死率降低。

五、鸡痘

鸡痘是由鸡痘病毒引起的鸡的一种高度接触性传染病。皮肤型，以体表无羽毛部位的痘疹、结痂、脱落为特征；白喉型，则表现为上呼吸道、口腔和食管部黏膜的纤维素性坏死性增生病灶，常形成假膜；两者皆有的称为混合型。病死率在5%～60%之间。

（一）病原及流行病学特点

1. 鸡痘病原为鸡痘病毒，大量存在与病禽的皮肤和黏膜中，有时扩展到血液和内脏。痘病毒对外界环境因素的抵抗力相当强，特别是对干燥的耐受力，上皮细胞屑和痘结节中的病毒可抗干燥数年之久，阳光照射数周仍可保持活力。常用消毒药有良好的杀毒力。

2. 鸡对痘病毒易感性强，不分年龄、性别和品种均可感染，以雏鸡和青年鸡常见，在雏鸡可引起较高的病死率。

3. 鸡痘的传染常通过病鸡与健康鸡的直接接触而发生，脱落和碎散的痘痂是禽痘病毒散播的主要形式之一。鸡痘的传播一般通过损伤的皮肤和黏膜而感染。蚊、蝇等吸血昆虫及体表寄生虫如鸡刺皮螨在传播本病中起着重要作用。

4. 不良环境因素，如拥挤、通风不良、潮湿、体外寄生虫及饲养管理条件差、维生素缺乏等，可使鸡痘加速发生或病情加重。

（二）临床症状和病理变化

鸡痘的潜伏期为 4～6 天，根据症状、病变以及病毒侵害部位的不同，分为皮肤型、黏膜型和混合型，偶有败血型的发生。

1. 皮肤型鸡痘特征是在身体的无羽毛部位，如冠、肉垂、嘴角、眼皮和腿、脚、泄殖腔及翅的内侧等部位形成一种特殊的痘疹。皮肤型鸡痘，一般无明显的全身症状，但感染严重的病例或体质衰弱者，则表现精神委靡，食欲不振，体重减轻，生长受阻，产蛋鸡则产蛋减少或完全停产。

2. 黏膜型鸡痘的痘疹多发生于口腔、咽部、喉部、鼻腔、气管及支气管。时间稍长，可波及眶下窦和眼结膜，眼睑肿胀，结膜充满脓性或纤维蛋白性渗出物。口腔和咽喉等处黏膜的痘疹，初呈圆形的黄色斑点，逐渐形成一层黄白色的假膜。假膜的扩大和增厚，阻塞口腔和喉部，影响病禽的吞咽和呼吸，甚至窒息死亡。病鸡表现为精神委顿、厌食，眼和鼻孔流出液体。

3. 混合型鸡痘为上述两种症状同时发生。败血型少见，表现严重的为全身症状并迅速死亡。

4. 本病的内脏病变不明显，外表变化由临诊检查即可查到。

（三）诊断要点

本病在外表皮肤特有的临诊症状，一目了然。黏膜型鸡痘，通过喉部的特征性病变，即可确诊。

（四）防治措施

1. 对本病的预防应着重做好平时的卫生防疫工作，杜绝传染源。一旦发现本病，应隔离病鸡。对重病鸡或死亡鸡应焚烧或深埋，作无害处理。病鸡舍和用具要进行严格的彻底消毒。

2. 防治本病最有效的方法是接种禽痘疫苗，在种鸡场和经常有本病发生的养鸡场，应对易感幼鸡进行接种。目前，国内的鸡痘弱毒疫苗有鸡胚化弱毒疫苗、鹌鹑化弱毒疫苗。疫苗的接种方法可采用翼膜刺种法，接种后 3～5 天即可发痘疹，以后逐渐形成痂皮，3 周内完全恢复。接种后，必须检查发痘情况，若发痘差，则应重复接种。

一般情况下，疫苗接种后 14 天可产生免疫力，小鸡免疫期为 2 个月，大鸡的免疫期为 5 个月。

(3) 对于鸡痘的治疗，目前尚未有特效的药物。对有治疗价值的家禽可采用对症疗法，以减轻病鸡的症状和防止继发细菌性感染。

六、大肠杆菌病

禽大肠杆菌病是由某些致病血清型或条件致病性大肠埃希氏杆菌引起禽类不同疾病的总称，包括大肠杆菌性败血症、大肠杆菌性肉芽肿、气囊炎、肝周炎、腹膜炎、输卵管炎、关节炎、全眼球炎及脐炎等一系列疾病。

（一）病原及流行病学特点

1. 大肠杆菌病的病原为大肠埃希氏菌，通称大肠杆菌。大肠杆菌是禽类肠道的常在菌，是构成禽类正常菌群的一部分，大部分菌株无致病性，且对机体有利，只有少部分的大肠杆菌有致病性，还有部分大肠杆菌平时对机体不致病，当寄主体质减弱时，可引起内源性感染。有时机体内的大肠杆菌的数量过多，或栖居的地点改变，像是从大肠移到小肠、肝、胆囊、肺和血液中，也可引发疾病。

2. 大肠杆菌对外界的抵抗力属中等，一般消毒药有效，许多抗生素和磺胺类药物对本菌都有抑制和杀灭作用，但致病性菌株对这些药物往往会形成耐药性。因此，治疗前最好通过药敏试验，选择敏感性药物。

3. 各种日龄期的鸡都可发生大肠杆菌病，以 1 月龄前后的雏鸡发病较多，但 1 日龄即能感染，其中肉鸡较蛋鸡更为敏感。在鸡蛋内、蛋表面均含有此菌。正常情况下有 0.5%～6%带菌率，造成鸡胚在孵化中早期死亡，以及后期死胚、弱雏的增多。育成鸡和成鸡较雏鸡的抵抗力强。

4. 本病的主要传染途径是消化道，但也可通过呼吸道、蛋壳穿透、交配感染等。病鸡和带菌鸡是主要的传染源，病原通过污染的蛋壳，病鸡的分泌物、排泄物及被污染的饲料、饮水、食具、垫料及粉尘而传播，老鼠是本菌的携带者。

5. 大肠杆菌属条件性病原微生物，恶劣的外界环境条件和各种应激因素都能促使本病的发生和流行。

（二）临床症状和病理变化

1. 大肠杆菌性败血症是肉鸡的主要疾病之一，6～10 日龄的肉用鸡多发，病死率 5%～20%。病鸡精神沉郁，食欲下降，羽毛粗乱。特征性的病变为纤维素心包炎、肝周炎、气囊炎，肠黏膜弥漫性充血、出血，肝有白色的坏死斑，脾脏充血、肿大。

2. 出血性肠炎的病鸡主要表现为严重的下痢。主要的剖检变化肠黏膜明显的充血、出血和溃疡，病死率较高。

3. 大肠杆菌性肉芽肿主要侵害雏鸡与成年鸡，其特征性病变是在心脏、肠系膜、胰脏、肝脏和肠道发现粟粒大的肉芽肿结节。从病变部位常可分类出黏液性的大肠杆菌，病死率较高，有时可达50%以上。

4. 全眼球炎表现在发生大肠杆菌性败血症的同时，部分鸡眼睑肿胀，流泪，角膜浑浊，眼球萎缩，失明。

5. 雏鸡脐炎主要发生在出壳初期，病鸡脐孔红肿，后腹部胀大，呈红色或青紫色，粪便黄白色、稀薄、腥臭。病雏委顿、废食，出壳最初几天死亡较多。剖检肝肿大，呈土黄色，有斑点状出血；小肠胀气，黏膜充血、出血。

6. 卵黄性腹膜炎以成年母鸡多见，病鸡产蛋停止，鸡冠萎缩呈紫色，后腹部膨大下垂，可很快死亡或久拖后衰竭死亡。特征性病变为腹腔中充满淡黄色腥臭的液体和破损的卵黄，腹腔脏器的表面覆盖有淡黄色、凝固的纤维素性渗出物，肠系膜、肠袢互相粘连，肠黏膜见有点状出血。

（三）诊断要点

1. 主要依据流行特点和病变特征进行分析，如本病的发生与环境条件有密切的关系，主要病变是心包炎、肝周炎、气囊炎和小肠、肠系膜等处充血、出血和出现肉芽肿性病变。

2. 确诊应作病原分离、鉴定，同时应考虑到本病常与其他一些传染病并发或继发感染。

（四）防治措施

1. 鸡舍应保持空气通畅，降低鸡舍内氨气等有害气体的浓度和尘埃，并定期消毒。

2. 大肠杆菌病可垂直传播，因此要注意种鸡的健康和种蛋的消毒。

3. 在养殖场搞好鸡新城疫、传染性法氏囊、传染性支气管炎及鸡支原体病的免疫接种和防范，间接地具有防制大肠杆菌感染的作用。

4. 若鸡群流行大肠杆菌病，首先应考虑改善饲养管理、搞好环境卫生，诊断是否有并发感染，剔除病鸡，及时进行隔离治疗或淘汰；对于同群健康鸡，使用抗菌药物紧急防治。鉴于一些鸡场平时经常使用抗菌素，致使大肠杆菌菌株对这些抗菌药物常有不同程度的耐药性，因此，在实际用药时，应尽量选择高度敏感的药物，避免同一药物连续使用，要采取“交替”用药方案，用药物剂量应充足。

5. 免疫时，由于大肠杆菌的血清型较多，不同血清型抗原性不同，菌株之间缺乏完全保护，不可能针对所有养禽场流行的致病血清型，因此商品菌苗有一定的局限性。目前，较为实用的方法，是在常发病的养鸡场的病鸡中分离致病性的大肠杆菌，选择代表性的菌株，制成自家灭活菌苗。在雏鸡 7～15 日龄、25～35 日龄、120～140 日龄各免疫一次，对减少大肠杆菌病的发生具有较好的效果。

七、葡萄球菌病

葡萄球菌病主要是由金黄色葡萄球菌引起的各种疾病总称。常发生在肉用鸡，尤其是饲养环境卫生不良，管理条件恶劣的大鸡群。病的表现有多种形式，葡萄球菌性败血症、关节炎、腱鞘炎、脚垫肿、胸骨囊肿、脐炎、脓性全眼球炎、心内膜炎等。

（一）病原及流行病学特点

1. 葡萄球菌是体表的常在菌，故一般情况下不会侵入体内。但当皮肤和黏膜完整性受到破坏，可成为本病发生的因素。刚出壳的雏鸡由于脐环开张，为病原菌提供了入侵门户，从而引发脐炎或其他类型的感染。

2. 应激或造成机体抵抗力下降的一切因素，如长途运输、室温或气候骤变、饲养方式改变、饲料改变、通风不良、鸡群体质衰弱，以及其他疫病的继发，皆为本病诱发的因素。

3. 葡萄球菌病发病率的高低与周围环境中葡萄球菌的含量成正比，病鸡的分泌物、排泄物增加了环境中葡萄球菌的密度，形成恶性循环，促进本病的发生。

（二）临床症状和病理变化

葡萄球菌感染的鸡通常表现出以下几种常见症状：

1. 急性败血症多见于1月龄左右的肉用鸡，表现体温升高，精神沉郁，食欲下降，羽毛蓬乱，腹泻，翼下、下腹部等处有局部炎症，剖检可见肝、脾化脓灶；病死率较高。

2. 浮肿性皮炎主要的症状是胸腹部、翅、大腿内则等病变处有浆液性的渗出液，呈现紫黑色的浮肿，有时破溃，轻抹羽毛脱落。

3. 脚垫肿和关节炎多见于年龄较大的青年鸡，散发病例脚垫肿见于足趾间及足底形成较大的脓肿；关节炎见于腓和足关节肿胀、热痛、化脓，病鸡不愿行走或跛行。

（三）诊断要点

1. 根据临床症状和病理变化，可对本病作出诊断。

2. 确诊须从病料中分离出葡萄球菌。

（四）防治措施

1. 由于葡萄球菌广泛存在于自然环境中，因此，防治本病的关键是做好平时的预防工作。消除使鸡产生外伤的因素，保持笼、网、鸡舍的光滑平整，垫料宜松软；合理调整饲养密度，注意控制鸡舍温度、湿度和通风；搞好环境卫生，定期用0.3%过氧乙酸喷雾消毒鸡舍；避免或减轻应激因素，加强禽群的饲养管理，保证饮水和饲料的清洁。

2. 常用的治疗药物有青霉素、红霉素、林可霉素、恩诺沙星及磺胺类。金黄色葡萄球菌对药物极易产生抗药性，由于抗药菌株不断增多，治疗本病必须做药敏试验，选择有效药物全群给药。

八、鸡伤寒和副伤寒

鸡伤寒和副伤寒是由鸡沙门氏菌引起的一种急性或慢性败血性传染病。主要表现为肠炎和败血症。二者的区别点在于病原的血清型和致病性不同，致使易感鸡的日龄和症状的表现有所差别，但防治措施基本相同。

（一）病原及流行病学特点

1. 鸡伤寒的病原主要由禽伤寒沙门氏菌引起，中鸡和成鸡易感。副伤寒的病原为鼠伤寒沙门氏菌、肠炎沙门氏菌，多发于 1 月龄的雏鸡。

2. 病鸡和带菌鸡是本病的主要传染源，通过粪便污染的饲料和饮水经消化道传播。带菌母鸡可垂直传播。健康家禽可带菌，若机体抵抗力降低或应激因素作用，病原菌活动而发生内源性传染。

3. 鸡伤寒主要发生于成年鸡和 3 周龄以上的青年鸡；鸡副伤寒多感染于胚胎期或出孵器内。4～5 日龄发病，其排泄物可引起同群鸡感染，多在 10～12 日龄发病，成年鸡一般呈慢性或隐性感染。

4. 值得注意的是，鸡副伤寒病原可引起家畜发热肠炎和流产。人类食入带有副伤寒的动物产品会引起急性胃肠炎和败血症。

（二）临床症状和病理变化

1. 鸡伤寒表现为体温升高，委顿，羽毛蓬乱，食欲减退，排黄绿色稀粪，鸡冠呈暗红色，慢性病程超过 10 天。

2. 鸡伤寒的主要病理变化为肝肿大、淤血，呈青铜色，有灰白色的坏死点，胆囊肿大，小肠黏膜增厚，呈出血性卡他性炎症，蛋鸡卵泡充血、出血、坏死，可见卵黄性腹膜炎。

3. 鸡副伤寒，出壳 2 周龄内呈急性经过，日龄较大的鸡呈亚急性经过。病鸡缩颈闭目，食欲明显减少，水样腹泻，消瘦，衰竭死亡。

4. 鸡副伤寒的病变为肝肿大、出血，呈青铜色，有坏死灶，脾肿大、充血，心包炎，肠道内有出血性炎症，慢性者肠壁增厚，盲肠内有干酪性物质。

（三）诊断要点

1. 沙门氏菌病的诊断，根据流行特点和剖检病变可初步诊断，有条件的可采集病鸡的脏器和血液作细菌的分离鉴定。

2. 需要注意作细菌的分离鉴定之前，应停止服用抗菌药物，以免影响细菌的分离率。

（四）防治措施

1. 防治措施与鸡白痢基本相同，关键在于加强饲养管理，搞好环境卫生，最大限度地减少外来病菌的侵入，通过一系列净化措施，建立起健康种鸡群，从根本上切断本病传播的途径；合理使用药物进行预防和治疗。

2. 本病发生时，应隔离病禽，焚烧或深埋尸体，严密消毒鸡舍与用具。严格实施管理制度，防止鸡伤寒、副伤寒及其他传染病引入禽群。药物治疗可以降低因急性病例引起的死亡，有助于控制此病的发展和传播，但不能完全消灭本病，一般可选用抗生素、磺胺类等药物。由于不同养殖场的沙门氏菌对药物的敏感性不同，因此，有条件的禽场最好在药敏试验的基础上筛选最有效的药物。

3. 由于禽副伤寒沙门氏菌血清型众多，因此很难用疫苗来预防本病。

九、鸡传染性鼻炎

鸡传染性鼻炎是由副鸡嗜血杆菌引起的鸡的一种急性呼吸道传染病，特征是鼻腔和鼻窦发炎，打喷嚏，流鼻液，颜面肿胀等。本病可在青年鸡和蛋鸡群中发生，造成的损失包括鸡只生长停滞、淘汰率增加，以及产蛋量显著下降。

（一）病原及流行病学特点

1. 鸡传染性鼻炎的病原为副鸡嗜血杆菌，用玻片凝集试验分为 A、B、C 个血清型。本菌的抵抗力很弱，在宿主体外很快被灭活。

2. 4 周龄以上的鸡对传染性鼻炎皆易感。发病鸡、慢性带菌鸡和康复带菌鸡是本病的主要传染源。通过飞沫、尘埃经呼吸道感染为最重要的传播途径之一。该细菌也可通过污染的饲料和饮水经消化道传播。

3. 本病传播迅速，一旦发生将很快波及全群。死亡率多数情况下较低，尤其是在流行的早、中期鸡群很少有死亡出现。

4. 传染性鼻炎发生及严重程度与环境应激、混合感染等因素密切相关，鸡群密度过大、鸡舍通风不良、氨气浓度过高、寒冷潮湿、不同年龄的鸡混群饲养、营养缺乏等都有利于本病的发生。当有其他疾病混合感染或继发感染时，将会明显加重病情，并导致较高的死亡率。

（二）临床症状和病理变化

1. 病鸡食欲减退，精神不佳，特征性症状为流鼻液、脸部肿胀，如炎症蔓延至下呼吸道，常出现张口呼吸，并带啰音。

2. 蛋鸡感染后，产蛋量可降低 10%～40%，但是蛋的品质变化不大，少见有死亡。

3. 主要病变是鼻腔、眶下窦及气管黏膜见有急性卡他性炎症，时见鼻窦、眶下窦内积有多量的黄色干酪样物。

（三）诊断要点

1. 根据流行病学、临床症状、病理变化可以作出初步的诊断。

2. 确诊则有赖于实验室方法。

（四）防治措施

1. "全进全出"的生产模式，禁止不同日龄的鸡群混养；严禁从疫区购入种蛋、种苗及其家禽产品。

2. 搞好环境卫生以及加强饲养管理是本病的重要措施。鸡舍应保持良好的通风，做好舍内外的卫生消毒工作，避免过分拥挤，饲料中适当补充维生素 A。清舍后要彻底进行消毒，空舍一定时间后方可让新鸡群进入。

3. 多价鸡传染性鼻炎灭活疫苗对预防本病有良好的效果。对 25 日龄和 120 日龄的鸡分别接种灭活疫苗，能有效地控制本病的发生和流行；种鸡应在开产前一个月接种，疫苗应每隔半年加强免疫接种 1 次。

4. 鸡场发病后应在加强饲养管理及做好综合防治措施的基础上积极地进行药物治疗。

磺胺类药物一般被认为是治疗本病的首选药物，在治疗中注意控制用药时间，一般不超过 5 天。

十、鸡慢性呼吸道病

慢性呼吸道病是由支原体引起的一种接触性、慢性呼吸道传染病。临床上以上呼吸道症状为主，主要特征为咳嗽、流鼻液、呼吸啰音。严重时，呼吸困难和张口呼吸。病症发展缓慢且病程长，常有其他病毒或细菌混合感染。剖检可见鼻窦、气管卡他性渗出物和严重的气囊炎。感染后，幼鸡发育迟缓，产蛋下降，而且可在鸡群长期存在和蔓延，通过蛋传播给下一代。

（一）病原及流行病学特点

1. 慢性呼吸道病的病原为鸡毒支原体。对外界环境的抵抗力不强，病原离体后迅速失去活力，一般消毒药均能将其迅速杀死。病原对青霉素、磺胺类药物有抵抗力，对泰妙菌素、泰乐菌素、土霉素、红霉素等药物敏感。

2. 鸡毒支原体在国内的鸡群中感染普遍，据血清学调查，感染率平均在70%～80%之间。除鸡易感外，鹌鹑、珍珠鸡和鸽也可感染。

3. 影响感染流行的因素除了菌株本身的致病性外，小鸡较成鸡易感，临床症状也更加严重。寒冷、拥挤、通风不良、潮湿等可促进本病的发生；新城疫、传染性支气管炎等呼吸道病毒感染及大肠杆菌混合感染会使呼吸道病症明显加重；当鸡毒支原体在体内存在时，弱毒疫苗气雾免疫也可能激发本病。

4. 本病的传播有垂直和水平传播两种方式。病原体通过病鸡咳嗽、喷嚏的飞沫和尘埃经呼吸道传染；被支原体污染的饮水、饲料、用具也能使本病传播。此外，被感染的种鸡可将支原体垂直传给种蛋，使本病在鸡群中连续不断地发生。

（二）临床症状和病理变化

1. 1～2月龄的仔鸡若无并发症，则表现为上呼吸道炎症，浆液及黏液性鼻液、喷嚏、窦炎、结膜炎、气囊炎。病程发展，逐渐发生气喘、咳嗽和呼吸困难，病鸡食欲减少，生长停滞，后期常因鼻腔及眶下窦内的渗出物蓄积引起颜面肿胀。

2. 产蛋鸡感染后，呼吸道症状不显著，表现为产蛋量和孵化率降低，出孵鸡活力降低。成年鸡常呈隐性感染。

3. 剖检可见，单纯感染鸡毒支原体的病鸡，鼻腔、气管、支气管和气囊内含有混浊黏稠或干酪样的渗出物，气囊壁变厚、混浊。呼吸道黏膜充血、增厚；窦腔内充满黏液和干酪样渗出物。但自然感染的病例多为混合感染，常有大肠杆菌、传染性支气管炎等病原参与。因此，可见纤维素性肝周炎、心包炎和输卵管炎。

（三）诊断要点

1. 根据流行病学、临床症状、病理变化可以作出初步的诊断。

2. 确诊须进行病原分离鉴定和血清学检查。

（四）防治措施

1. 未发病鸡群

（1）要定期进行检疫，淘汰阳性鸡或鸡群中发现一只阳性鸡即全群淘汰。

（2）从安全地区或鸡场引进苗鸡或种蛋，严格执行消毒隔离措施，防止病原传入，定期检疫，采取全进全出制度。

2. 被污染或已发病鸡群

（1）蛋鸡早期发现本病，应考虑将病鸡淘汰或作为商品鸡。

（2）改善饲养管理，避免鸡群密度过高，注意通风，饲料中适当增加多种维生素，同时使用药物治疗。泰乐菌素 1g/2kg 水，连用 5～7 天；泰妙菌素 50ppm，连用 5～7 天，注意泰妙菌素不能与盐霉素等离子载体型的球虫药同时使用。由于支原体易产生耐药性，在用药物前，最好进行药敏试验，并采取交替用药的方法。

（3）采用抗生素处理和加热法来降低或消除种蛋内支原体，将药物注入气室，或者将蛋放在药物溶液中，加压使药物浸入。

（4）采用弱毒疫苗和灭活疫苗免疫接种。弱毒疫苗既可用于尚未感染的健康小鸡，也可用于已感染的鸡群，免疫保护率在 80％以上，免疫持续时间达 7 个月以上。灭活疫苗效果较好，多用于蛋鸡和种鸡。免疫后可有效地防止本病的发生和种蛋的垂直感染，并减少诱发其他疾病的机会，增加产蛋量。

十一、肉鸡腹水综合征

肉鸡腹水综合征是肉鸡生产中一种常见的非传染性疾病。多发于20～50日龄快速生长的肉鸡，特征性表现为腹腔内蓄积大量的液体，病死率较高。

（一）病因及流行病学特点

肉鸡腹水综合征的病因复杂，据认为与以下因素有关：

1. 高海拔条件下的空气稀薄，氧气稀少；

2. 寒冷季节，鸡舍门窗密闭，空气污浊，鸡群密度高，氨气集聚，氧气不足；

3. 日粮或饮水中钠含量过高，磷、维生素E和硒缺乏，饲料含有霉菌毒素；

4. 慢性一氧化碳中毒、硝酸盐中毒或呋喃唑酮中毒，肝、心、肺、肾产生腹水；

5. 呼肠孤病毒、大肠杆菌等病原。

（二）临床症状和病理变化

1. 病鸡腹部膨胀、下垂，腹腔内充满液体，皮肤发红或发绀，呼吸困难，缩颈，食欲减退，行动迟缓，逐渐死亡。

2. 特征性病理变化，腹腔中积有多量清亮、淡黄色的液体；心脏体积增大，可见心包积液；肺水肿暗红色；肝萎缩、硬变。

（三）诊断要点

1. 根据临床症状和病理变化，不难作出诊断。

2. 对综合征形成的原因、诱因，调查分析。

（四）防治措施

根据现场调查研究，分析造成本病的原因和诱因，及时消除不利因素，有效地控制本病的发生。

1. 鸡舍通风，降低鸡群密度；

2. 降低饲料蛋白含量和能量，补充硒和维生素 E；

3. 发病鸡群应采用降低死亡的措施，如利尿、应用抗菌素杀菌、抑菌。

十二、球虫病

鸡球虫病是由各种球虫寄生于肠道引起的危害十分严重的寄生虫病。15～50 日龄的鸡易感性强，病鸡表现为贫血，消瘦和血痢，急性感染可造成大批死亡；中度感染主要影响生长发育，并使鸡群抵抗力降低。

（一）病因及流行病学特点

1. 鸡球虫病的病原为球虫。鸡球虫的种类较多，毒力较强的有柔嫩艾美耳球虫，寄生于盲肠黏膜内，称盲肠球虫；毒害艾美耳球虫，寄生于小肠肠黏膜内，称小肠球虫。球虫虫卵的抵抗力较强，在外界环境中一般的消毒剂不易破坏，在土壤中可保持生活力达 4～9 个月；卵囊对高温和干燥的抵抗力较弱。

2. 各品种的鸡均有易感性，15～50 日龄的鸡易感性强，成年鸡对球虫有一定的抵抗力。

3. 病鸡为主要传染源。苍蝇、甲虫、蟑螂、鼠类为机械性传播媒介。凡被病鸡、带虫鸡的粪便污染的饲料、饮水、土壤、用具等，都可能带有虫卵，被易感鸡食入后，会爆发球虫病。

4. 饲养管理条件不良，鸡舍潮湿、拥挤，饲料缺乏维生素 A、K，卫生条件恶劣时，最易发病。在潮湿多雨、气温较高的梅雨季节易爆发球虫病。

（二）临床症状和病理变化

1. 病鸡精神沉郁，羽毛蓬松，食欲减退，鸡冠和可视黏膜贫血、逐渐消瘦。感染柔嫩艾美耳球虫，粪便初为咖啡色，后为血粪，致死率可达 50%以上；若多种球虫混合感染，粪便带血液，并含有大量脱落的肠黏膜。

（2）病鸡消瘦，鸡冠与黏膜苍白，病理变化主要发生在肠管，病变部位和程度与球虫的种别有关。柔嫩艾美耳球虫主要侵害盲肠，盲肠显著肿大，可为正常的3～5倍，肠腔中充满凝固的或新鲜的暗红色血液，盲肠上皮变厚，有严重的糜烂。毒害艾美耳球虫损害小肠中段，肠壁扩张、增厚，有严重的坏死。在裂殖体繁殖的部位，有明显的淡白色斑点，黏膜上有许多小出血点。肠管中有凝固的血液内容物。

（三）诊断要点

根据临诊症状、流行病学资料、病理剖检情况和病原检查结果，进行综合判断。

（四）防治措施

1. 鸡群要全进全出，鸡舍彻底清扫、消毒，雏鸡和成鸡分开饲养，保持鸡舍干燥、通风和鸡场卫生，定期清除粪便，堆放，发酵以杀灭卵囊。笼养或网养可防制本病。

2. 对鸡球虫病的防制主要是依靠药物。常用的药物有：

（1）氯苯胍，预防按30～33mg/kg浓度混饲，连用1～2个月，治疗按60～66mg/kg混饲3～7天，后改预防量予以控制。

（2）氨丙啉，可混饲或饮水给药。混饲预防浓度为100～125mg/kg，连用2～4周；治疗浓度为250mg/kg，连用1～2周，然后减半，连用2～4周。应用本药期间，应控制每千克饲料中维生素B_1的含量，以不超过10mg为宜，以免降低药效。

（3）莫能霉素，预防按80～125mg/kg浓度混饲连用。与盐霉素合用，有累加作用。

（4）盐霉素，预防按60～70mg/kg浓度混饲连用。

（5）常山酮，预防按3mg/kg浓度混饲连用，至蛋鸡上笼；治疗用6mg/kg混饲连用1周，后改用预防量。

(6) 尼卡巴嗪，混饲预防浓度为 100～125mg/kg，育雏期可连续给药。

(7) 磺胺氯吡嗪（Esb3），以 600～1000mg/kg 浓度混饲或 300～400mg/kg 浓度饮水，连用 3 天。

第三节　育成鸡和产蛋鸡的常见病

一、鸡马立克氏病

马立克氏病是由病毒引起的一种高度传染性的肿瘤性疾病。特征为神经型表现腿、翅麻痹；内脏型可见内脏器官、性腺、肌肉、虹膜等部位形成肿瘤，发病率和病死率可达10%～80%，该病具有高度传染性，也是一种免疫抑制性疾病。

（一）病原及流行病学特点

1. 马立克氏病的病原为马立克氏病病毒。病鸡粪便与垫草中的病毒，在室温下可保持传染性 16 周；干燥羽毛中的病毒，在室温下保存 8 个月仍有传染性；鸡舍内含有病毒的尘埃，几周后仍有感染力。一般消毒药 10 分钟可灭活病毒。

2. 本病主要感染鸡，感染日龄越早，发病率越高；蛋鸡发病多在 2～5 月龄。一般发病率为 5%～30%，严重者可达 80%，发病鸡全部死亡。

3. 病鸡和隐性感染鸡是主要的传染源。附着在羽毛根部或皮屑的病原可污染种蛋的外壳、垫料、尘埃、粪便等而长期具有感染性。自然感染主要通过孵化箱、育雏室和污浊的空气进行传播，人员、昆虫、鼠类可成为传播媒介。

4. 饲养密度过高、空气流通差可加剧本病的发生。传染性法氏囊病、球虫病、传染性贫血等可促使本病的发生和流行。

（二）临床症状和病理变化

1. 鸡马立克氏病是一种肿瘤性疾病，有较长的潜伏期。

2. 根据病变发生的部位和症状，分为：

（1）神经型，常见于坐骨神经的不完全麻痹，病鸡不能行走，为特征性的“劈叉式”姿势；臂神经受侵，一侧翅膀下垂，拖地而行。

（2）内脏型，发病率较高，缺乏特征性症状。突然发病，死亡率高，病鸡表现精神委靡，食欲减退，羽毛松乱，排黄绿色稀便，明显消瘦，最终衰竭死亡。

（3）皮肤型，表现为皮肤增厚，毛囊呈肿瘤状，多发在大腿、翅、背等粗羽部位。

（4）眼型，发生于一侧或双眼，视力减弱，虹膜褪色，瞳孔边缘不整齐。

3. 本病的主要病变

（1）神经型表现为病变多侵害单侧，受侵神经变粗、肿大，较正常粗2～3倍以上。

（2）内脏型中性腺最多见，肾、脾、肝、心、肺、肠系膜、腺胃、肠道肌肉组织等出现大小不等，质地坚硬，灰白色肿瘤块，肿瘤呈弥漫性增长时，器官肿大。

（三）诊断要点

1. 马立克氏病的诊断并不困难，神经型、眼型、皮肤型往往能一目了然，内脏型经过剖检也可作出诊断。

2. 实验室常用的血清学琼扩试验，只能确定是否感染马立克氏病毒，不能确定有没有发生肿瘤。

3. 马立克氏病的内脏型病变与淋巴性白血病十分相似，须进行鉴别。除流行病上的区别点外，确诊则要从病原学、组织学和血清型检查，进一步作出鉴别诊断。

（四）防治措施

1. 对于马立克氏病的防范应采取综合防治措施，首先要加强环境卫生与消毒工作，尤其是孵化场、育雏舍的消毒，净化环境，防止雏鸡的早期感染。其次，注意加强饲养管理，增强鸡体的抵抗力；应坚持全进全出的饲养制度，防止不同日龄的鸡混养于同一鸡舍，并且防止应激因素和预防能引起免疫抑制的疾病。

2. 免疫接种是防制本病的关键手段。免疫接种时，须在出壳后24小时内接种，疫苗稀释后要置于冰瓶内，在2小时内用完，并且注意疫苗接种要有足够的剂量。疫苗接种后，最早7天后才能产生坚强的免疫保护力。在疫苗接种后到产生免疫保护力之前这段时间，应特别注意严防环境污染造成早期感染马立克氏病毒野毒而造成损失。

二、禽霍乱

禽霍乱是由多杀性巴氏杆菌引起的主要侵害鸡、鸭、鹅等禽类的一种接触性传染病。急性病例主要表现为突然发病、下痢、败血症症状及高死亡率，剖检特征是全身黏膜、浆膜小点出血，出血性肠炎及肝脏的坏死点；慢性病例的特点是鸡冠、肉髯水肿、关节炎，病程较长，死亡率低。

（一）病原及流行病学特点

1. 禽霍乱的病原为多杀性巴氏杆菌。巴氏杆菌对各种理化因素和消毒药的抵抗力不强。在直射阳光和干燥条件下，很快死亡。兽医常用的消毒药，均可在短时间内将病原杀死。本菌对大多数抗菌药物敏感。

2. 各种家禽和野禽对本病都易感染，雏鸡对巴氏杆菌病有一定的抵抗力，感染较少，3～4月龄的鸡和成鸡较易感染。

3. 本病的传染途径主要是通过呼吸道、消化道和黏膜或皮肤外伤。病鸡的尸体、粪便、分泌物和被污染的用具、土壤、饲料、饮水等是传染的主要媒介。尤其是在鸡群密度大，舍内通风不良以及尘土飞扬的情况下，通过呼吸道传染的可能性更大。吸血昆虫、苍蝇、鼠也可成为传播媒介。

4. 本病一年四季均可发生和流行，高温、潮湿、多雨的夏、秋两季，以及气候多变的春季最容易发生。

5. 禽霍乱的病原体是一种条件性致病菌，一些健康鸡的呼吸道存在该菌，当饲养管理不当、鸡舍阴暗潮湿拥挤、气候突变、营养不好、缺乏维生素、矿物质和蛋白质及长途运输、鸡群发生其他疾病等不利因素的影响下，鸡抵抗力降低，细菌毒力增强时即可发病。

（二）临床症状和病理变化

1. 最急性型多发生于流行初期，成年高产蛋鸡最容易发生。常无明显症状，突然倒地死亡。

2. 急性型多为急性经过，病鸡精神委顿，食欲废绝，羽毛松乱，缩颈闭眼，翅膀下垂，离群呆立，呼吸急促，鼻和口中流出混有泡沫的黏液。后期常有剧烈腹泻，粪便呈绿色；体温升高达 43℃以上；病鸡鸡冠和肉髯发绀呈黑紫色，肉髯常发生水肿，发热和疼痛。发病鸡群产蛋量减少或停止。1～3天死亡。

3. 慢性型多发于流行后期或由急性病例转换，病鸡精神不振，食欲减退，冠髯苍白、水肿、变硬；关节发炎，肿大，跛行；有的慢性病鸡长期腹泻，病程可延长数周，鸡群产蛋量下降。

4. 典型病变为皮下组织和腹腔脂肪、肠系膜、浆膜、黏膜有大小不等的出血点；肝脏肿大、质脆，呈棕红色或棕黄色或紫红色，表面有很多针头帽大小的灰白色或灰黄色的坏死点，有时可见点状出血；心冠脂肪和心内、外膜上有多量出血点；慢性病例病变可见肉髯水肿、坏死；病变局限于关节炎的病例，见腿部和翅膀等部位的关节肿大，变形，有黏性渗出物和干酪样坏死；产蛋鸡可见卵巢、输卵管炎。

（三）诊断要点

1. 根据本病的临床症状、病变及药物防治的效果，不难作出诊断。

2. 确诊需进行病原菌的分离鉴定。

（四）防治措施

1. 注意平时鸡舍的消毒，若发现疫情时，应对病死鸡所污染的场地彻底消毒，尤其是被病原污染的水槽。

2. 由于本病的发生和流行还与鸡群的饲养管理有关，环境卫生差，通风不良，鸡群密度过高，饲料质量低劣等，可诱发本病。

3. 免疫接种，各地因地制宜，选择使用。

4. 鸡场受到禽霍乱威胁或可疑染病时，应对鸡群使用抗菌素予以防治。常用药物有许多，如青霉素、氟苯尼考、庆大霉素、丁胺卡那霉素、磺胺类药物等。

三、鸡传染性喉气管炎

传染性喉气管炎是由传染性喉气管炎病毒引起的危害育成鸡和成年产蛋鸡为主的一种急性、高度接触性的上呼吸道传染病。特征性临床症状表现为呼吸困难、咳嗽、咳出带血的分泌物；剖检病变为喉头和气管黏膜肿胀、糜烂、坏死和大面积出血。传播快，死亡率较高。产蛋鸡群感染后产蛋下降可达35％或完全停产。

（一）病原及流行病学特点

1. 传染性喉气管炎病毒属禽疱疹病毒Ⅰ型。对外界环境的抵抗力不强，一般常用的消毒药可杀灭本病毒。

2. 本病各种日龄及品种的鸡均可感染，育成鸡和成年产蛋鸡多发，症状最典型；褐羽褐壳蛋鸡发病较为严重，来航白、京白等白壳蛋鸡有一定的抵抗力。

3. 病鸡、康复后带毒鸡及无症状的带毒鸡是主要传染源。主要通过呼吸道及眼感染，也可经消化道感染。由呼吸器官及鼻腔分泌物污染的垫草、饲料、饮水及用具可成为本病的传播媒介。

4. 鸡饲养管理不良，鸡群密度过高，鸡舍通风不良，维生素缺乏等，可促进本病的发生和传播。

（二）临床症状和病理变化

1. 感染鸡鼻孔有分泌物，流泪，伴有结膜炎。特征性表现为呼吸困难，程度明显而且严重，病鸡伸颈张口吸气，低头缩颈呼气，鸡群中不断发出咳嗽声，湿性啰音和喘鸣音。病鸡出现甩头症状，严重者咳出带血的黏液。病鸡鸡冠发紫，有时排出绿色稀粪。本病发生后，很快在鸡群中出现死亡，产蛋鸡产蛋量减少10%～60%，1个月后恢复正常。

2. 幼龄鸡感染后症状轻微，仅表现为结膜炎、气喘、呼吸啰音等。病死率低。

3. 本病的特征性病变为：发病初期，喉头气管黏膜肿胀，充血、出血，甚至坏死，喉头气管可见带血的黏性分泌物或条状血凝块。中后期死亡鸡只喉头气管黏膜附有黄白色纤维素性假膜，并在该处形成栓塞，患鸡多因窒息而死亡。轻型病例表现为，浆液性结膜炎，结膜充血、水肿，伴发点状出血，眶下窦肿胀以及鼻腔有多量黏液。

（三）诊断要点

1. 根据ILT的流行病学、临床症状和剖检病理变化可作出初步诊断，注意强弱毒株感染时不同的症状和流行特点。

2. 确诊需要进行实验室诊断。

（四）防治措施

1. 严格执行兽医卫生防疫制度，严防病鸡和带毒鸡的引入，隔离、消毒，加强饲养管理，改善鸡舍通风条件，降低鸡舍内有毒、有害气体的含量。

2. 免疫接种是预防传染性喉气管炎的有效方法。从未发生过本病的鸡场，一般不主张接种疫苗，主要依靠综合防治措施预防本病。在该病的疫区和受威胁地区，应考虑进行疫苗的免疫接种。用传染性喉气管炎弱毒疫苗进行免疫接种，首免在30～60 日龄左右，蛋鸡可在开产前 20～30 天再接种一次。接种方法采用点眼免疫，免疫期为半年至 1 年。需注意传染性喉气管炎弱毒疫苗接种后，鸡群有一定的反应。

3. 对发病鸡群目前尚无特殊的治疗方法，重点是加强管理，定期消毒，用抗菌药控制细菌性继发感染，同时投喂电解多维，降低死亡率。

4. 耐过的康复鸡在一定时间内可带毒和排毒，最好将病愈鸡只作淘汰处理。

四、减蛋综合征

减蛋综合征是由腺病毒引起的产蛋鸡的一种急性病毒性传染病。特点是在饲养管理条件正常的情况下，蛋鸡群产蛋量达到高峰时突然急剧下降，同时出现大量的无壳软蛋、薄壳或蛋壳不整的畸形蛋，棕色蛋蛋壳颜色变浅，蛋壳表面不光滑，沉积有大量的灰白色或黄灰色粉状物。

（一）病原及流行病学特点

1. 减蛋综合征的病原为减蛋综合征病毒。

2. 凡产蛋母鸡均有易感性，尤以 25～35 周龄的产蛋母鸡最易感，其中产褐壳蛋的肉用种母鸡尤甚。

3. 减蛋综合征病毒主要经卵垂直传播，种公鸡的精液也可传播病毒。此外，病毒也可通过水平传播而感染鸡群。感染鸡群可从输卵管、泄殖腔、咽黏膜和粪便中排毒，卵内病毒可持续存在整个病程中。

4. 本病的流行特点是病毒感染后，在性成熟前减蛋综合征病毒的感染性不表现出来，也不易检测。性成熟后，在产蛋初期因应激因素而使病毒活化，使产蛋鸡在28～35周龄时通过卵黄排出病毒并使蛋壳形成机能发生紊乱，产蛋量急剧下降，同时出现无壳软蛋或薄壳蛋等异常蛋。

（二）临床症状和病理变化

1. 减蛋综合征的特征变化是在产蛋量达到高峰时突然发病，产蛋量急剧下降10%～50%，一般持续约4～10周或更长。在此期间，除产蛋总数减少之外，还出现大量的无壳软蛋、薄壳变形蛋及表面有灰白、灰黄粉末状物质的畸形蛋，且所有异常蛋均失去棕色素；蛋的重量减轻、体积明显变小。流行期过后，产蛋量或许能恢复到正常水平，但大多数情况下很难恢复，发病周龄越晚，恢复的可能性就越小。

2. 本病临床症状较为缓和，一般没有死亡，剖检病鸡一般无肉眼病变。

（三）诊断要点

1. 本病除产蛋量下降及蛋壳异常外，没有其他症状，易与饲养管理错误导致的产蛋量下降混淆，因此需进行现场流行病学调查、分析。

2. 确诊须作实验室诊断。

（四）防治措施

1. 主要采取综合防制措施。由于减蛋综合征主要经蛋垂直传播，应从非感染鸡群引入种蛋或鸡苗。

2. 在本病的流行地区或受威胁地区，对120日龄的种鸡或商品蛋鸡接种减蛋综合征灭活苗，可达到较为有效预防效果。

五、鸡住白细胞原虫病

鸡住白细胞虫病是由住白细胞虫科住白细胞属的原虫寄生

于鸡的血细胞和一些内脏器官中引起的一种血孢子虫病。

（一）病原及流行病学特点

1. 鸡住白细胞虫病的病原为鸡卡氏白细胞原虫。卡氏住白细胞虫的发育包括裂殖生殖、配子生殖、孢子生殖三个阶段。裂殖生殖和配子生殖的大部分在鸡体内完成，而配子生殖的一部分及孢子生殖则在库蠓体内完成。

2. 鸡住白细胞虫病的传播媒介是库蠓。由于本病发生及流行与库蠓的活动有直接关系。因为，当气温在 20℃以上时，库蠓繁殖快，活力强。所以，本病常发生于 5～10 月份，6～8 月份为高峰期。

3. 本病在 3～6 周龄小鸡中发生最多，病情最严重，死亡率可高达 50%～80%；中鸡也会严重发病，但死亡率不高，一般在 10%～30%；大鸡的死亡率通常为 5%～10%。此外，外来品种的鸡，如 AA 肉鸡、来航蛋鸡等对本病较本地黄鸡更为易感，发病和死亡较严重。

（二）临床症状和病理变化

1. 严重感染的病例，常因内出血、咯血和呼吸困难而突然死亡。特征性症状是死前口流鲜血，因而常见水槽和料槽边沾有病鸡咯出的红色鲜血。中鸡和大鸡感染本病，死亡率一般不高，临诊症状是白冠、拉稀。粪便呈白色或绿色水状，产蛋量下降。

2. 病死鸡全身皮下出血，胸肌和腿肌有出血点或出血斑；内脏器官广泛出血，以肺、肾和肝最为常见。特征性病变为胸肌、腿肌、心肌以及肝、脾等实质器官常有针尖大至粟粒大的白色小结节，结节与周围组织界限明显，这些即为裂殖体的聚集点。

（三）诊断要点

1. 根据临诊症状、剖检病变及发病季节作出初步诊断。

2. 从病鸡的血液涂片或脏器（肝、脾、肺、肾等）涂片中，或从肌肉小白点的组织压片中发现配子体或裂殖体即可确诊。

（四）防治措施

1. 根据当地以往本病发生的历史，在本病即将发生或流行初期，进行药物预防。

常用的药物：

①复方泰灭净（SMM＋TMP）：按 30～50ppm 混料作预防；100ppm 饮水治疗。

②磺胺喹沙啉（SQ）：按 50ppm 混料或饮水，用于预防。

③可爱丹：按 125ppm 混料，用于预防。

2. 应用药物杀灭鸡舍及周围环境中的媒介昆虫库蠓，或防止其进入鸡舍。

第四节　常见的中毒病

一、呋喃类药物中毒

呋喃类药物中毒是指家禽过量摄入呋喃类药物，而引起的以神经症状为特征的中毒病。代表药物有呋喃唑酮，也称痢特灵（注：该药为国家禁用药物）、呋喃西林等。

（一）病因

1. 呋喃类药物是一类人工合成的抗菌药物，有呋喃唑酮、呋喃西林、呋喃妥因和呋吗唑酮等。尤以呋喃西林的毒性最大。用药剂量过大或连续用药时间过长、药物在饲料中搅拌不均匀等均可引起中毒。

2. 呋喃西林给雏鸡服用，每千克体重超过 10 毫克为中毒剂量，20 毫克以上便是致死剂量。

3. 呋喃唑酮的预防剂量（拌料）为 0.01%，连用不超过

15天；治疗剂量为0.02%，连用不超过7天。据报道，饲料中添加量为0.04%，连用12～14天，即可引起鸡中毒；添加量为0.06%，4～5天即可中毒；添加量为0.08%，3～4天即可中毒。

（二）临床症状和病理变化

1. 急性中毒

一般在给中毒量药后3～4小时或更长的时间出现中毒症状。病禽初期精神沉郁，羽毛松乱，两翅下垂，缩头呆立，站立不稳，减食或不食。继而出现典型的神经症状，兴奋不安、转圈、尖叫、倒地后两腿伸直作游泳姿势、角弓反张，抽搐而死。或呈昏睡状态，最终死亡。

2. 慢性中毒

多呈现腹水症的特征，腹部膨大，按压有波动感。

3. 特征性病变

（1）急性中毒：口腔、消化道黏膜及其内容物均呈黄染。肠黏膜充血、出血；肠道浆膜呈黄褐色；心肌变性、发硬、心脏扩张；肝脏肿大呈淡黄色。

（2）慢性中毒：腹腔充满淡黄色的液体，肝脏硬、表面凹凸不平，心包积液，心脏扩张。

（三）诊断要点

根据以下内容可作出诊断，但要注意与禽脑脊髓炎、神经型新城疫、维生素B_1缺乏症等疾病鉴别。

1. 有过量或连续应用呋喃类药物的病史。

2. 有典型的神经症状。

3. 消化道黏膜和内容物黄染。

（四）防治措施

1. 使用呋喃类药物应严格控制剂量，饮水时浓度只应是拌料的一半。因为禽的采食量比饮水量少一倍。呋喃西林水溶性差，不可饮水投药。

2. 一旦中毒，应立即更换饲料，严禁继续摄食呋喃类药物；灌服 0.01%～0.05%高锰酸钾水或 5%葡萄糖水，连续 3～4 天。

二、磺胺类药物中毒

磺胺类药物中毒是指磺胺类药物用药剂量过大，或连续使用，造成的机体药物中毒。该药是防治家禽传染病和某些寄生虫病的一类最常用的合成化学药物，磺胺药物的治疗剂量与中毒量接近，用药时间过长，就会造成中毒。

（一）病因

1. 磺胺药物的治疗剂量与中毒量接近，用药剂量过大或用药时间过长，就会引起中毒。如复方新诺明混饲用量超过三倍以上，能造成雏鸡严重的肾肿；若连续使用磺胺类药物超过 7 天，即便是成年鸡也可出现中毒症状。

2. 据报道，给鸡饲喂含 0.5%SM2 或 SM1 的饲料 8 天，可引起鸡脾出血性梗死和肿胀，饲喂至第 11 天即开始死亡。复方敌菌净在饲料中添加至 0.036%，第 6 天即引起死亡。

3. 即使按正常浓度连续 5 天服用磺胺类药物，便会引起产蛋鸡的产蛋量减少。

4. 维生素 K 缺乏可促发本病。

（二）临床症状和病理变化

1. 磺胺类药物中毒的主要表现为精神沉郁，食欲减退，羽毛松乱，生长缓慢或停止，虚弱，头部苍白或发绀，黏膜黄染，皮下有出血点，凝血时间延长，排酱油状或灰白色稀粪。

2. 产蛋鸡中毒则表现为食欲减少，产蛋急剧下降，产薄壳、软壳或蛋壳粗糙。

3. 特征性的病变是皮下、肌肉广泛出血，尤以胸肌、大腿肌更为明显，呈点状或斑状。血液稀薄。骨髓褪色黄染。肠道、肌胃与腺胃有点状或长条状出血。肝、脾、心脏有出血点或坏死点。肾肿大，输尿管增粗，充满尿酸盐。

（三）诊断要点

1. 有超量或连续长时间应用磺胺类药物的病史。

2. 临床以出血或溶血性贫血为特征。

3. 特征性的剖检变化为全身性广泛性出血。

（四）防治措施

1. 1日龄内的雏鸡和成年产蛋鸡应避免使用磺胺类的药物。

2. 各种磺胺类药物使用剂量不同，应严格掌握，防止超量，拌料要均匀。平时使用该类药物时间不宜过长，一般连用不超过5天。用药期间应同时提高饲料中的维生素K和B的含量，并经常饮水。

3. 使用磺胺类药物，应多选用高效低毒的磺胺类药物，如复方新诺明、磺胺喹恶啉、磺胺氯吡嗪等。

4. 一旦出现药物中毒，立即更换饲料，停止饲喂磺胺类药物，供给充足饮水。并在饮水中加入1%小苏打和5%葡萄糖溶液，连饮3～5天。同时，在每千克饲料中加入200mg维生素C和5mg维生素K3。连用数日，直至基本症状消失为止。

三、喹乙醇中毒

喹乙醇作为家禽生长促进剂，曾广泛用于饲料添加剂和对某些细菌性疾病的防治。临床应用表明，喹乙醇能提高饲料利用率，促进增重和抑制某些细菌的生长繁殖。但喹乙醇在禽类体内有较强的蓄积作用，虽小剂量连续应用，也会引发蓄积中毒。

目前，我国已明令禁止使用喹乙醇作为饲料添加剂和禽病治疗药物。

（一）原因

1. 用药量过大，或大剂量连续投药。据报道，家禽饲料中添加 300ppm 喹乙醇，饲喂 6 天，可呈现中毒症状。饲料中添加 1000ppm 喹乙醇饲喂产蛋禽，第三天即出现中毒症状。

2. 鉴于喹乙醇在家禽体内有较强的蓄积作用，小剂量连续应用，也会造成蓄积中毒。

（二）临床症状和病理变化

1. 大剂量喹乙醇中毒，数小时内发病；轻度中毒，则发病较迟缓。中毒禽精神沉郁，食欲废绝，卧地不动，排黄色水样稀粪，喙及脚蹼变紫黑，死前尖叫，拍翅挣扎，很快死亡。剖检病死鸡，其皮肤、肌肉发黑，消化道出血以十二指肠、泄殖腔严重，腺胃乳头或（和）乳头间出血，肌胃角质层下有出血斑，腺胃与肌胃交界处有黑色的坏死区。心冠状脂肪和心肌表面有散在出血点，心肌柔软。肝肿大，有出血斑，色暗红，质脆，切面糜烂多汁，脾、肾肿大，质脆。

2. 产蛋鸡表现为产蛋量急剧下降，甚至绝产，卵泡萎缩、变形、出血。

（三）诊断要点

现场询问药物的使用剂量和方法，结合典型症状和病理变化，可做出诊断。

（四）防治措施

1. 发现喹乙醇中毒，立即停药。

2. 尚无对喹乙醇中毒的特效解毒药物，可采用 5%葡萄糖溶液，连饮 3～5 天。

四、食盐中毒

食盐中毒是指家禽摄入过量的食盐而出现的毒性反应。

（一）病因

1. 鸡的食盐中毒量为每千克体重 1～1.5g，最小量致死量为每千克体重 4g。例如：将咸鱼粉作为淡鱼粉使用。

2. 治疗啄癖时，在饲料或饮水中添加的食盐量过多。

3. 据报道，饲料中食盐含量正常，但严重饮水不足，也可发生慢性中毒。

（二）临床症状和病理变化

1. 雏鸡饲料含食盐达 0.7%或成鸡饲料含食盐 1%，则出现明显的口渴和粪便中的含水量增多，食欲减退。饲料中的含盐量在 3%以上，饮水中含食盐 0.9%时，5 天内，可导致全群鸡死亡。

2. 食盐中毒的症状，取决于盐的摄入量和持续食入时间。

（1）轻度中毒，仅表现饮水增加，粪便稀薄或混有稀水，造成鸡舍地面潮湿。

（2）重度中毒，病鸡早期高度兴奋，肌肉震颤，鸣叫，共济失调，仰卧挣扎；病鸡烦渴，频频饮水；后期下痢，衰竭而亡。

（3）慢性中毒，表现为持续性腹泻。

3. 本病的主要病理变化为嗉囊内充满液体；皮下组织水肿，腹腔和心积液，心冠沟脂肪有点状出血，肺水肿，肠道黏膜充血、出血，脑膜血管扩张充血，肾脏及输尿管有尿酸盐沉积。

（三）诊断要点

1. 临床上有盐的摄入量过多或持续食入时间过长的历史。

2. 根据饲养和病史、症状及病理变化可作出初步诊断。

3. 确诊应取样测定其含盐量。

（1）雏鸡饲料含食盐达 0.7%及成鸡饲料含食盐≥1%；

（2）鱼粉或鱼干中的食盐含量达 20%；在饲料中添加

6%，使其食盐的含量为1.2%；可认定为食盐中毒。

（四）防治措施

1. 一旦发现食盐中毒，立即停喂含盐过多的饲料。

2. 轻度中毒时，只要供给充足的饮水，便可恢复正常；重度中毒，需适当控制饮水，避免过度饮水引起组织水肿，特别是脑水肿，只宜间隔1～2小时有时限的供给淡水。

3. 值得注意的是，急性食盐中毒病例，通常采取的措施往往无法奏效，中毒鸡表现为持续不断的死亡。

五、黄曲霉毒素中毒

黄曲霉毒素中毒是由黄曲霉毒素引起的中毒。主要特征是肝脏受损，生长受阻，皮肤苍白，饲料转化率下降，产蛋率下降，免疫应答能力降低，蛋白质、脂肪代谢发生改变。急性中毒死亡率高，肝脾肿大、变黄、出血、坏死，甚至产生癌变。

（一）病因

饲料堆积时间过长、通风不良、受潮、受热等因素，易使玉米、豆饼、花生等饲料原料和垫料产生多种霉菌，并产生霉菌的代谢产物霉菌毒素。目前，已知的黄曲霉菌毒素有12种之多，其中B_1毒性最强，鸡食入这些霉变饲料或接触霉变垫料，即可引起中毒。

（二）临床症状和病理变化

1. 幼龄雏鸡易感性最高，只要饲料中含有少量的黄曲霉菌毒素，就能引起急性中毒。病鸡表现为精神委顿，嗜睡，食欲不振，消瘦，贫血，鸡冠苍白，腹泻，衰弱，陆续死亡。

2. 成年鸡对霉菌毒素有一定的耐受力，多呈慢性经过，病程可拖延数周，最终可发生肝癌。

3. 剖检主要病变为肝脏呈急性肿大，胆囊扩张，肾脏稍有肿大，胸部皮下和肌肉有时出血，慢性中毒常有胆管增生和肝癌等病变。

(三) 诊断要点

诊断本病，除根据症状和病变外，主要依据病史及检查饲料中有无霉变现象和气味，必要时需将饲料送往实验室检测。

(四) 防治措施

1. 根本的防治措施是不喂霉变饲料，一旦发现饲料霉变，应立即停喂。

2. 平时应加强饲料的保管工作，通风防潮，避免储存时间过久。

3. 为防止霉变，可在饲料中加入防霉剂，对抑制霉菌生长有较好的作用。

4. 若饲料储藏场地被黄曲霉孢子污染，可用福尔马林或过氧乙酸等进行消毒，以杀灭霉菌孢子。

5. 对于中毒的病鸡，目前尚无解药，可投喂葡萄糖，0.5%碘化钾溶液，盐类泻剂清除嗉囊和胃肠道内的内容物。

第五节　常见的营养缺乏症和代谢病

一、维生素缺乏症

(一) 维生素 A 缺乏症

维生素 A 缺乏症是因缺乏维生素 A 引起的以分泌上皮角质化和角膜、结膜、气管、食管黏膜角质化、夜盲症、干眼病、生长停滞等为特征的营养缺乏疾病。

1. 病因

(1) 供给不足或需要量增加。鸡体不能合成维生素 A，必须从饲料中采食维生素 A。不同生理阶段的鸡，对维生素 A 的需要量不同，应分别供给质量较好的成品料，否则就会引起严重的缺乏症。

（2）饲料加工不当、饲料存放时间过长、饲料发霉、烈日曝晒等皆可造成维生素 A 损坏，脂肪酸败变质也能加速其氧化分解过程，造成维生素 A 缺乏。

（3）日粮中蛋白质和脂肪含量不足，可影响维生素 A 类物质的运输及维生素 A 类物质肠中的溶解和吸收。

（4）胃肠道疾病或肝胆疾病，影响饲料维生素 A 的吸收、利用及储藏。

2. 临床症状和病理变化

（1）雏鸡和初开产的鸡常易发生维生素 A 缺乏症。雏鸡一般发生在 1～7 周龄。若 1 周龄的鸡发病，则与母鸡缺乏维生素 A 有关。

（2）本病特点

①雏鸡行动迟缓，生长停滞，羽毛松乱，双腿无力，有的不能站立。黄色鸡种小腿和喙色素消褪。病程超过一周，可见眼睑发炎或粘连，眼睛流出黏性分泌物，角膜混浊，严重者角膜软化或穿孔失明。食道黏膜上皮增生和角质化。

②成年鸡多呈慢性经过。轻度缺乏维生素 A，鸡的生长、产蛋、种蛋孵化率及抗病力可受到影响。患鸡食欲不振、精神委顿、鼻孔和眼睛常有水样液体排出，眼睑常粘合在一起，严重时眼内可见干酪样物质，角膜软化和穿孔，最终失明。鼻孔流出的大量黏稠鼻液，使病鸡呈现呼吸困难。

③母鸡产蛋量和孵化率降低，公鸡繁殖力下降，精液品质退化，受精率低。

（3）剖检病变：口腔、食管黏膜上皮有小脓胞样病变，破溃后形成小的溃疡。支气管黏膜可覆盖一层很薄的伪膜。结膜囊或鼻窦肿胀，内有黏性的或干酪样的渗出物。严重时，肾脏肿大、苍白，有尿酸盐沉积。

3. 诊断要点

（1）根据饲养管理情况的调查，结合临床症状和病理变化，一般不难作出诊断。

（2）确诊需进行实验室检测。通常选择血清和鸡肝中维生素A含量值进行测定，正常鸡血清含维生素A为1000～1500IU/L；雏鸡每克肝脏维生素A含量≥2IU。若测定结果低于上述水平，可以确定为维生素A缺乏。

4. 防治措施

（1）保证添加有足够的维生素A预混剂，按NRC（1994）推荐的维生素A最低需要量，雏鸡与育成鸡日粮维生素A的含量应为1500U/kg，产蛋鸡、种鸡为4000U/kg。

（2）防止饲料贮存过久，不要预先将脂溶性维生素A掺入到饲料中。

（3）改善饲料加条件，尽可能缩短加热调制时间。

（4）发病鸡只可在每千克饲料中添加5000U维生素A进行治疗，疗程约为一个月。

（二）维生素B_1缺乏症

维生素B_1（硫胺素）缺乏症是由于缺乏维生素B_1而引起的碳水化合物代谢障碍和神经系统病变，临床上以多发性神经炎为典型症状的营养缺乏性疾病。

1. 病因

（1）饲料中硫胺素含量不足，通常发生于配方失误或加工处理过程中破坏过多。

（2）饲料发霉或贮存时间太长等造成维生素B_1分解损失，含量不足。

（3）饲料中含有蕨类植物、抗球虫病、抗生素等对维生素B_1有拮抗作用的物质，具有代表性的如氨丙啉、硝胺、磺胺类药物，造成维生素B_1缺乏。

（4）饲料中的鱼粉品质差，硫胺素酶活性太高。

（5）家禽消化道疾病，使维生素 B_1 吸收及合成能力降低。

2. 临床症状和病理变化

（1）雏鸡缺乏维生素 B_1，多在 2 周内发病。表现为食欲减退，生长发育迟缓，羽毛蓬乱无光泽，步态不稳，甚至双腿麻痹。临床特征性的症状，为病雏坐在自己的腿上，头颈后仰呈"观星状"。剖检病变为皮下水肿，胃肠壁萎缩，生殖器官尤其睾丸萎缩明显。

（2）成年鸡维生素 B_1 缺乏，多在 3 周后发病，病程较为缓慢。特征性的症状为多发性神经炎或外周性神经炎，最初表现为趾屈肌麻痹，进而卧地不起。

3. 诊断要点

（1）根据饲料分析，结合临床症状和病理变化可作出诊断。

（2）用维生素 B_1 治愈典型病禽，可作为确诊的依据。

4. 防治措施

（1）应保证饲料中维生素 B_1 的含量，以满足家禽需要，鸡的需要量为每千克饲料 1～2mg，最好给予全价饲料，适当多喂各种谷物，麸皮和青绿饲料。

（2）防止饲料发霉，不喂变质、劣质鱼粉。

（3）控制嘧啶环和噻唑药物的使用，必须使用时，疗程不宜过长。

（4）治疗：对已发病的鸡可采用维生素 B_1 治疗。每千克饲料中加硫胺素 10～20mg，连用 1～2 周。也可用维生素 B_1 注射，0.25～0.50mg/kg 体重，每日 1～2 次，直至痊愈。

（三）维生素 B_2 缺乏症

维生素 B_2（核黄素）缺乏症，是因机体维生素 B_2 缺乏所引起的典型症状为卷爪麻痹症的营养缺乏性疾病。

1. 病因

（1）家禽因体内合成核黄素很少，必须由饲料供应饲料补充。当饲料中核黄素缺乏或被紫外线、碱及重金属破坏，则会引起维生素 B_2 缺乏。

（2）一些药物能影响维生素 B_2 的利用，如氯丙嗪等。

（3）机体对维生素 B_2 的需求增加，饲料中没有及时补充，也会引起维生素 B_2 的缺乏，如动物处于低温等应激状态；饲喂高脂肪、低蛋白饲料；种鸡需要量变大。

（4）胃肠道疾病可影响核黄素转化、吸收。

2. 临床症状和病理变化

（1）维生素 B_2 缺乏症，雏鸡明显的症状为趾爪向内蜷缩呈“握拳状”，两肢瘫痪，运动困难，被迫以踝部行走，直至不能行走；结膜炎和角膜炎。

（2）成年鸡产蛋量下降，种鸡孵化率明显降低；孵化后12～14 天胚胎大量死亡；孵出雏鸡的绒毛呈结节状。雏鸡生长减慢、背部羽毛脱落、贫血，严重时发生下痢。病鸡不愿走动，爪向下卷曲。

（3）剖检可见胃肠道黏膜萎缩，肠道内有大量泡沫状内容物。重症鸡坐骨神经变粗，其为维生素 B_2 缺乏症典型症状。

3. 诊断要点

（1）根据饲料分析，结合临床症状和病理变化可作出诊断。

（2）用维生素 B_2 较快治愈典型病禽，可作为诊断的依据。

（3）有条件时，可以对饲料和病禽血液作核黄素定量分析，作为诊断的依据。

4. 防治措施

（1）雏鸡一开食就应喂标准配合日粮，或在每千克饲料中添加核黄素 2～3mg，也可在饲料中添加蚕蛹、酵母、谷类和青绿饲料等富含维生素 B_2 的原料，以预防本病的发生。

（2）在饲料加工的过程中应避免碱性物质及阳光对维生素 B_2 的破坏作用。

（3）对确诊维生素 B_2 缺乏者，在日粮中加 10～20mg/kg 的核黄素。雏鸡 1～2mg/只，育成鸡 5～6mg/只，出雏率降低的母鸡内服 10mg/只，连用 7 天可收到好的疗效。

（四）维生素 D 缺乏症

维生素 D 缺乏症是鸡的钙、磷吸收和代谢障碍，骨骼、蛋壳形成等受阻，以雏鸡佝偻病和缺钙症状为特征的营养缺乏症。

1. 病因

维生素 D 缺乏症的发生不外乎两个原因：体内合成量不足和饲料供给缺乏。

（1）维生素 D 合成需要紫外线，日照不足则易使维生素 D 缺乏。

（2）机体消化系统疾病、肾肝疾病可以使维生素 D 的吸收、转化、贮存障碍。

（3）饲料中维生素 D 含量在正常情况下，家禽饲料中最少应有 200U/kg，生产时还应加上 10%～30%的保险系数。因此，在饲料配制时应加以考虑。

（4）饲料中维生素 A 的含量对维生素 D 的吸收有影响，维生素 A 添加量太多，会影响维生素 D 的吸收。一般应保持维生素 A∶维生素 D＝5∶1 的比例。

（5）钙、磷缺乏或比例失调，增加维生素 D 的需要量。通常，钙磷应保持在 2∶1 左右。

2. 临床症状和病理变化

（1）维生素 D 的缺乏症主要表现为骨骼损害。雏鸡生长发育不良，羽毛松乱，无光泽，有时下痢。雏鸡佝偻病，1 月龄左右易发，最初症状为腿软，行走不稳，喙和爪软而易弯，随后跗关节着地。骨骼柔软或肿大，肋骨和肋软骨的结合处可摸到圆形结节，胸骨侧弯，脊椎在荐部和尾部向下弯曲，长骨质脆，易骨折。

（2）产蛋母鸡缺乏维生素D后，2～3个月开始出现缺钙症状。早期为薄壳蛋和软壳蛋数量增加，以后产蛋量下降。种蛋孵化率下降，胚胎多在10～16日龄死亡。喙、爪、背骨变软，背骨弯曲。

（3）慢性病例则见到明显的骨骼变形，肋骨沿胸廓向内呈弧形弯曲，后期关节肿大，呈“企鹅形”特殊姿势，临床症状常周期性发作；长骨质脆，易骨折。剖检可见骨骼钙化不良。

3. 诊断要点

（1）通过病史调查，结合运动机能障碍、骨骼变形、产蛋鸡生产软壳蛋及薄壳蛋数目增多等典型的临床症状和病理变化，可作出诊断。

（2）必要时可以测定血清钙、磷，作为确诊依据。健康鸡血钙值为4.25～5.5mmol/L，血磷值为0.97～53.23mmol/L。

4. 防治措施

（1）给予家禽充足的光照。

（2）保证饲料中含有足够量的维生素D_3，每千克日粮中，雏鸡、育成鸡需200U，产蛋鸡、种鸡需500U。

（3）避免饲料中维生素D_3氧化，避免饲料发霉。

（4）已经发生缺乏症的鸡可补充维生素D_3。饲料中使用维生素D_3粉或饮水中使用速溶多维，饲料添加剂量为1500U/kg。

（5）雏鸡缺乏维生素D时，每只可喂服2～3滴鱼肝油，每天3次。患佝偻病的雏鸡，每只每次喂给1万～2万U的维生素D3，疗效较好。

（五）维生素E缺乏症

维生素E缺乏症是以脑软化症、渗出性素质、白肌病和成禽繁殖障碍为特征的营养缺乏性疾病。

1. 病因

(1) 饲料维生素 E 含量不足。多见于配方不当或加工失误的情况。

(2) 饲料贮存时间过长，以及饲料中所含有的不饱和脂肪酸、酵母、碳酸氢钠、硫酸铵制剂等拮抗物质过高，皆可破坏维生素 E 或造成有效维生素 E 含量降低。值得注意的是，通常条件下饲料保存 6 个月，维生素 E 可损失 30%～50%。

(3) 维生素 A、维生素 B 族等其他营养成分的缺乏。

(4) 生长发育过快的家禽，需要量增加而未及时补充维生素 E。

(5) 饲料中硒及硫胺基不足，会导致维生素 E 的需求增加。

2. 临床症状和病理变化

(1) 成鸡维生素 E 缺乏的主要症状为生殖能力的损害，产蛋率和种蛋孵化率降低，公鸡精子形成不全，繁殖力下降，受精率低。

(2) 雏鸡维生素 E 缺乏，常引起脑软化症，多发生于 3～6 周龄的雏鸡。病雏精神沉郁，头向下缩或侧转、后仰、阵发性抽搐、瘫痪；出壳弱雏增多，站立不稳。剖检可见小脑软化，水肿，有出血点和坏死灶。

(3) 维生素 E 和硒同时缺乏，雏鸡表现渗出性素质，病鸡翅膀、颈胸腹部等部位水肿，皮下血肿。剖检常见心包积液。

(4) 维生素 E 和含琉氨基酸同时缺乏，呈现为白肌病，胸肌和腿肌色浅，苍白，有白色条纹，肌肉松弛无力，消化不良，运动失调。

3. 诊断要点

(1) 通过对饲料维生素 E 含量的分析，结合典型的临床症状、发病日龄和病理变化，不难作出诊断。

（2）必要时，进行维生素 E 的治疗性诊断。若效果明显，可作为诊断依据。

4. 防治措施

（1）避免维生素 E 缺乏症，应重点防止饲料中的维生素 E 氧化失效并在饲料中添加足量的维生素 E，每千克鸡日粮应含有维生素 E 10～15U。同时注意，避免饲料贮存时间过长，或受到无机盐、不饱和脂肪酸氧化及拮抗物质的破坏。

（2）临床中，脑软化、渗出性素质和白肌病常交织在一起，若不及时治疗，可造成急性死亡。发病阶段，通常每千克饲料中加维生素 E 20U，最好同时加服硒制剂。硒添加量为每吨饲料 0.04～1.00g，连用 2 周。渗出性素质病可在每千克饲料中添加硒添加剂 0.05mg。白肌病每千克饲料可加入亚硒酸钠 0.2mg，蛋氨酸 2～3g 可收到良好疗效。脑软化症可用维生素 E 油治疗，每只鸡一次喂 250～350U。

二、矿物质、微量元素缺乏症

（一）钙缺乏症

鸡所需要的钙约 99%用于构成骨骼和蛋壳，产蛋鸡每生产一个蛋需要 2 克钙。此外，在细胞和体液中也有一定量的钙，对于维持神经、肌肉和心脏的正常功能及血液的酸碱平衡、促进血液凝固具有重要的作用。

钙缺乏症是由于鸡体内钙的缺乏所引起的相应疾病。

1. 病因

（1）日粮中的含钙量不足。常见于种鸡和产蛋鸡或环境温度高，对钙的需求量增多，但饲料中未适当补钙，造成钙缺乏。

（2）钙的吸收受到影响。见于饲料中维生素 D 含量不足或钙与磷的比例不当，胃肠道疾病等。

2. 临床症状和病理变化

（1）雏鸡和青年鸡缺钙，可造成生长滞缓、骨骼发育不良，变软易弯曲。严重时，可发生软骨病和佝偻病。

（2）产蛋鸡的产蛋量下降，出现软壳蛋、无壳蛋，骨骼质脆易折，并易继发测定鸡疲劳综合征。

3. 诊断要点

根据饲料分析，结合临床症状和病理变化可作出诊断。

4. 防治措施

（1）饲料中的钙含量应根据家禽的不同品种、不同生长阶段、不同产蛋量等调整钙含量，同时还应注意维生素D的补充和饲料中的钙与磷的比例。

（2）缺钙不严重的病禽一般可以康复。日常饲料中的钙添加1%即可，产蛋鸡按3%添加。

（二）磷缺乏症

鸡所需要的磷约80%同钙一起构成骨骼（骨骼含钙36.5%，磷17%），其余分布在全身组织，具有广泛的生理作用。

磷缺乏症是由于鸡体内的钙的缺乏所引起的相应疾病。

1. 病因

（1）饲料中的有效磷含量不足。鱼粉、骨粉及矿物性饲料中的磷，鸡易吸收利用，属有效磷；植物性饲料中的磷，鸡只能利用30%左右。如果饲料配制时，未对此因素加以考虑，可能造成磷的缺乏。

（2）饲料中的钙与磷的比例不当，维生素D含量不足，可引起磷缺乏。

2. 临床症状和病理变化

（1）家禽缺磷的临床表现与缺钙相似，可发生软骨病和佝偻病。

（2）病鸡厌食，雏鸡生长迟缓、骨骼发育不良，呈现佝偻病；产蛋鸡产蛋量下降，严重者关节硬化。

3. 诊断要点

根据饲料分析，结合临床症状和病理变化可作出诊断。

4. 防治措施

(1) 原则是以补磷为主，注意钙、磷比例，慎用维生素D。

(2) 根据鸡只生长阶段的需求，补充相应的磷。

(3) 饲料配制时，要注意有效磷的含量，尤其是家禽对植物植酸磷利用率低的问题，在日粮中必须补充骨粉、鱼粉等。

(4) 发病鸡只要把饲料中的磷（钙）含量调整至需要量或略高，再加以维生素D即可。

(三) 硒—维生素E缺乏症

维生素E的作用在于抑制机体内的不饱和脂肪酸过氧化物的产生，而硒作为谷胱甘肽过氧化物酶的重要组成部分，能通过谷胱甘肽过氧化物酶的催化作用分解已产生的过氧化物。因此，两者皆有防止细胞脂质膜受损的作用。

硒—维生素E缺乏，可使细胞膜及亚细胞膜丧失保护性，发生肌营养不良，渗出性素质，小脑坏死和软化等病变。

1. 病因

(1) 饲料本身的含硒量不足，或微量元素添加剂质量低劣，添加量不够。

(2) 维生素E缺乏，可促使硒的缺乏。

(3) 一些硒的拮抗元素可影响硒的吸收，具有代表性的为铜、锌、砷、汞、镉等。

2. 临床症状和病理变化

(1) 发病初期，有些病雏生长发育缓慢，羽毛缺乏光泽。随后出现特征的临床变化：雏鸡发育受阻，食欲减退，羽毛蓬乱无光，皮肤、鸡冠苍白，胸腹下水肿，呈蓝紫色或蓝绿色；病雏时而尖叫，站立不稳，前冲、双翼颤抖、全身战栗、共济失调，呈现出神经症状，甚至死亡。

(2) 剖检病变

①渗出性素质：2～3周龄开始发生，6周龄达到高峰，雏

鸡的胸腹部及两腿之间出现皮下水肿，呈蓝绿色，重症可遍及全身。

②脑软化：2～4 周龄多发，脑水肿、软化，有出血点和坏死灶。

③肌营养不良：4 周龄的幼鸡易发，胸肌、腿肌等呈半熟样苍白，肌纹消失，常见胰腺萎缩。

3. 诊断要点

（1）根据饲料分析，结合典型的临床症状和病理变化可作出诊断。

（2）必要时，可做谷胱甘肽过氧化物酶活性测定。硒缺乏时，该酶的活性降低。另外，羽硒含量及全血硒含量的测定也有一定的诊断价值，若雏鸡羽硒低于 0.13mg/kg、血硒低于 0.03mg/kg，可判定为硒缺乏。

4. 防治措施

（1）预防硒缺乏主要是保证家禽日粮中硒的需要量，尤其是硒缺乏地区，可在饲料中添加亚硒酸钠 0.22mg（折纯硒 0.1mg），以满足鸡只的需要。

（2）日粮中要保证维生素 E 和其他微量元素的含量，也有助于本病的预防。

（3）发病禽，在饮水中加入 1.5mg/kg 亚硒酸钠，可收到一定的效果，若配合维生素 E，疗效更佳。

（四）锰缺乏症

锰对骨骼发育、蛋壳形成、胚胎发育及能量代谢有着重要的作用，禽类对锰的需要量比哺乳动物高得多，而日粮中的钙、磷过量又可抑制对锰的吸收作用。因此，家禽对锰的缺乏特别敏感。

锰缺乏症是因锰缺乏引起的疾病。

1. 病因

（1）饲料中的锰含量不足或添加剂质量低劣。

(2) 饲料里钙、磷、铁含量过多及维生素 B_2、维生素 B_{12}、胆碱、叶酸、生物素、烟酸、泛酸缺乏，可使锰的利用率降低。若不及时添加锰，可造成锰缺乏。

2. 临床症状和病理变化

(1) 雏鸡主要表现为骨短粗症和脱腱症。腿骨短粗、胫、趾骨关节肿大、扭转，骨弯曲变形，继而腓肠肌的腱滑脱，肢体无法站立，运动障碍。一些鸡的胫骨、翅骨短粗，下颌骨短，呈鹦鹉喙。剖检病变：腿骨骨骼短粗，但骨骼并不变软或变脆。

(2) 产蛋鸡的产蛋量显著减少，蛋壳变薄易碎，孵化率明显下降，胚胎出现短肢性营养不良，多在出壳前1～2天大批死亡，即便是出壳的雏鸡，也会表现出明显的骨骼发育缺陷和神经症状。

3. 诊断要点

根据典型的临床症状和病理变化可作出诊断。

4. 防治措施

(1) 根据家禽的种类、日龄、产蛋量的不同，饲料中添加相应的硫酸锰。通常，生长中的鸡，日粮供给50ppm的锰便能满足鸡的需要，鸡对过量的锰有一定的耐受性，加倍量的锰，不会引起中毒。

(2) 防止锰缺乏，在每吨饲料中加144～228g硫酸锰(228g硫酸锰相当于250ppm的粗制硫酸锰，是纯锰量的1/2)。同时，还要注意饲料钙、磷的含量及维生素的添加量，这些对防止本病的发生有一定的好处。

(3) 发现本病，除在饲料中添加硫酸锰(每公斤饲料加硫酸锰0.1～0.2g)外，还可在饮水中加0.01%～0.02%的高锰酸钾，连饮2天，停2天，再饮2天。注意高锰酸钾浓度不要超过0.02%，也不宜长期使用。

(4) 已出现骨弯曲变形、脱腱的病鸡无治疗价值，应予淘汰。

（五）锌缺乏症

锌是禽体许多活化酶所必须的物质，主要分布在内脏器官、羽毛、骨骼中。肉粉（含锌量为150～200ppm）较高，米糠和麸皮含锌量也较高，鸡一般不会缺乏。电镀鸡笼和水槽可以为鸡提供相当量的锌，但塑料制品代替电镀钢材，则断绝了这方面的供给。

锌缺乏症是由于鸡体内锌缺乏所引起的疾病。

1. 病因

常用的配合饲料的含锌量一般可以满足家禽的需要，但在某些情况下也可造成锌的缺乏。

（1）饲料中钙含量过多或以植酸盐过多的黄豆粉作为饲料成分。

（2）饲料中含铜量过低或不饱和脂肪酸缺乏。

（3）日粮中钾过多，产蛋母鸡产蛋量提高时锌的需要量需要增加时，而未及时补充。

（4）患有慢性消耗性疾病而影响锌的吸收。

2. 临床症状和病理变化

（1）雏鸡锌缺乏，食欲明显下降，生长发育迟缓，羽毛生长不良，腿骨短粗，胫趾关节肿大、僵硬，皮肤产生较多的鳞屑。

（2）产蛋鸡缺锌，产蛋量下降，蛋壳薄，孵化率低，孵化胚胎骨骼不能正常发育，畸形胎多。即使出壳，也呈弱雏。

3. 诊断要点

（1）根据临床症状，结合饲料和血清中锌的含量、锌全身比率的测定以及补锌的效果可作出诊断。

（2）临床上应注意与锰、维生素 A、烟酸和泛酸的缺乏相区别。

4. 防治措施

（1）本病的预防主要应根据家禽的不同需要保证饲料的含

锌量。

（2）饲料含钙量高时，应补给较高水平的锌，一般可添加硫酸锌（含锌 22.7%）或氧化锌。

（3）已发病的家禽，除调整饲料配方外，还可服用硫酸锌，每公斤体重 5～8mg。

三、痛风

痛风是鸡的一种尿酸血症，是由于蛋白质代谢障碍，血液中蓄积大量的尿酸盐，引起心包膜、肝、肾等内脏和骨关节出现尿酸盐沉积，病鸡表现瘦弱，脱水，腹泻，排白色稀粪等症状的代谢性疾病。

1. 病因

（1）饲喂过量富含核蛋白和嘌呤碱的蛋白质饲料。代表性的为动物内脏、肉骨粉、鱼粉、大豆以及含钙或草酸较高的菠菜、莴苣等。

（2）肾功能障碍。见于长期服用磺胺类药物引起的慢性中毒、喂霉玉米引起的中毒、维生素 A 缺乏、鸡肾变性传染性支气管炎、鸡白痢等，均可引起肾功能障碍，导致本病发生。

（3）应激状态。如鸡群密度过大，鸡舍阴冷潮湿，饮水不足，通风不良，有害气体含量过高，长途运输等因素，可促使本病的发生。

2. 临床症状和病理变化

（1）内脏型痛风：典型的表现为稀粪中含有大量的尿酸盐，呈石灰水样，病鸡精神委靡，食欲不振，脱水，消瘦，贫血。剖检变化为肾肿大呈花斑状，肾小管和输尿管充满白色的尿酸盐，心、肝、肠系膜等处覆盖一层石灰样的白色尿酸盐；检查血液中尿酸及钾、钙、磷的浓度升高，钠浓度降低。

（2）关节痛风型：尿酸盐沉积在腿和翅等关节腔内，使关节肿胀、疼痛，家禽不愿活动。剖检可见关节内充满白色石灰样的物质。

3. 诊断要点

（1）根据临床症状和机体内多脏器有尿酸盐沉积的特征性病理变化，可以作出诊断。

（2）有必要对血液中尿酸、钾、钙、磷及钠的浓度进行测定，前者升高而钠浓度降低。

4. 防治措施

（1）控制好饲料中蛋白质含量，应保持在该品种鸡饲养标准范围内，适时更换饲料，对蛋白质含量比较高的饲料饲喂时间不宜过长。

（2）调整好饲料中食盐和钙磷的含量，尤其食盐的含量不能过高。在实际生产中，食盐含量超过 0.55%，可表现出明显的肾脏疾病。一般可掌握在 0.3%左右。

（3）育雏期间，应增加一些维生素 A 的添加量，尤其应保证饲料不应存放时间过长，避免造成维生素的大量损失。

（4）对肾脏损伤大的药品使用时要慎重，代表性的药物有磺胺类及氨基糖甙类等药物，或在使用此类药物时配用一些利尿药。当发现有肾部疾病时，应及时投喂肾脏解毒药物。

主要参考文献

四川农业大学．家禽学．四川科学技术出版社，1993

杨山，李辉．现代养鸡．北京：中国农业出版社，2002

杨宁．家禽生产学．北京：中国农业出版社，2002

徐亚欧．畜牧生产与经营．四川科学技术出版社，2003

Smith A. J. Poultry. Macmilan Publisher，1990

邝荣禄．禽病学．北京：中国农业出版社，1997

吴增坚．鸡场的兽医监督和管理．上海：上海科学技术出版社，1993

Y·M·Saif．苏敬良，高福，索勋主译．禽病学．第十一版．北京：中国农业出版社，2005

毕丁仁．动物霉形体及研究方法．北京：中国农业出版社，1998

陈溥言．兽医传染病学．第五版．北京：中国农业出版社，2006

王建华．动物中毒病及毒理学．陕西：天则出版社，1993

郭玉璞．鸭病诊治彩色图说．北京：中国农业出版社，1999

王春林，朱德才．禽病诊断与防治手册．上海：上海科学技术文献出版社，1998

陆承平．兽医微生物学．第三版．北京：中国农业出版社，2001

史志诚．动物毒物学．北京：中国农业出版社，2001

黄有法．动物中毒与营养代谢病学．兰州：甘肃科学技术

出版社，2001

陈建红，张济培，司兴奎等．禽病防治彩色图谱。北京：中国农业出版社，2001

王俊东等．畜禽营养代谢与中毒病．北京：中国林业出版社，2001

陈杖榴．兽医药理学．第二版．北京：中国农业出版社，2002

图书在版编目（CIP）数据

蛋鸡、肉鸡的养殖技术及其常见病的诊断与防治/罗薇等编著．—北京：中国社会出版社，2009.9

ISBN 978－7－5087－2801－8

Ⅰ．蛋…　Ⅱ．罗…　Ⅲ．①卵用鸡—饲养管理②卵用鸡—鸡病—防治③肉用鸡—饲养管理④肉用鸡—鸡病—防治
Ⅳ．S831.4　S858.31

中国版本图书馆 CIP 数据核字（2009）第 164450 号

书　　名：蛋鸡、肉鸡的养殖技术及其常见病的诊断与防治
编　　著：罗　薇　马　力　吴万友　卢建远
责任编辑：夏丽莉

出版发行：中国社会出版社　　邮政编码：100032
通联方法：北京市西城区二龙路甲 33 号新龙大厦
电话：（010）66080300　　（010）66083600
（010）66085300　　（010）66063678
邮购部：（010）66060275　电传：（010）66051713
网　　址：www.shcbs.com.cn
经　　销：各地新华书店

印刷装订：北京京海印刷厂
开　　本：140mm×203mm　1/32
印　　张：3.25
字　　数：73 千字
版　　次：2009 年 11 月第 1 版
印　　次：2014 年 3 月第 3 次印刷
定　　价：7.00 元